# 过程控制实验教程

姚铭 刘萍 林少君 编著

厦门大学出版社

# 高等院校信息技术实验教程丛书编委会

# 序

21世纪，科学技术的发展日新月异，信息化时代的来临使信息科学与技术深入社会生活的各个领域。其发展水平已成为衡量一个国家科技实力的重要标志之一。各国都把培养大量高水平的信息科学人才作为科技发展的重要战略目标。

培养高水平的信息科学人才，应重视学生的工程素质和实践能力的培养，提高学生分析问题解决实际问题的能力，这也是当前社会对毕业生专业技能的要求。各高校通过实验课程、课程设计、毕业设计、毕业实习以及组织各种竞赛来提高学生的实践能力、设计与制作能力。

实验是自然科学的基础，是一切科学创造的源泉。学生在本科阶段存在课程多，学时少，实验、实践锻炼的机会更少的问题。一方面由于扩招引起的指导教师、实验资源不足；另一方面也缺少一批实用、高效的实验教材。在厦门大学出版社的大力支持下，我们组织完成了这套“高等院校信息技术实验教程丛书”的编写工作。参与编写该丛书的作者都是担任相关课程的老师或实验指导老师，该丛书是在相关课程经过多年使用的实验讲义的基础上编写而成，收集了较多不同难度的实验项目，供实验课选择。

“高等院校信息技术实验教程丛书”包括《电子技术实验教程》、《电机与电力拖动实验教程》、《可编程控制器(PLC)实验教程》、《自控原理及计算机控制实验教程》、《过程控制实验教程》、《单片机原理与接口技术实验教程》、《电磁场与微波技术实验教程》、《数据库技术实验教程》、《汇编程序设计实验教程》、《数字信号处理(DSP)实验教程》十本实验指导书。

在此，我们向所有支持和参与该丛书出版的单位和同志表示感谢，特别要向李茂青教授、许茹教授在该丛书的编写、出版中做出的指导性工作表示感谢。同时，感谢该丛书中使用的实验设备的生产厂家提供的支持。

由于作者的水平与能力有限，丛书中的不足与问题难免，恳请广大师生批评指正。

**高等院校信息技术实验教程丛书编委会**

2008年1月于厦门大学海韵园

# 前　言

过程控制通常是指在石油、化工、电力、冶金、轻工、建材、核能等工业生产中，以温度、流量、液位、压力和成分为主要被控变量的被控系统，是自动化技术的重要组成部分。浙江求是科教设备有限公司生产的PCT系列过程控制实验系统装置，可以非常好地满足过程控制课程实验的要求。这套设备由被控对象、控制屏、计算机组成，通过调节器或计算机控制，可以将被控对象转变成具有不同特性的过控对象，因此，在此基础上不仅可以进行简单的温度、压力、流量、液位的单回路控制，也可以进行一系列的复杂控制系统实验，如：变比值控制、Simth预估控制、解耦控制、三溶液位控制、换热器温度控制，还可以自行设计实验方案，进行创造性实验。

**一、PCT系列过程控制实验装置特点**

1. 装置由控制对象、控制屏、计算机三部分组成：控制对象布局合理，外观美观大方，同时控制屏还可以换成分散控制系统(DCS)。

2. 真实性、直观性、综合性强：装置中的各仪表及组态软件均为工业产品，且控制屏正面有完整的系统结构图案，便于学生系统接线。

3. 参数全面：涵盖了液位、流量、压力、温度等典型的热工量参数。

4. 控制参数和控制方案的多样化：通过对其管路上的阀门(电磁阀、手动阀)切换和对模拟信号接线板上信号的连接组合，可构成多种过程控制实验。

该实验装置充分考虑了生产过程自动化专业的大纲要求，完全能满足教学实验、课程设计、毕业设计的需要。同时学生可自行设计实验方案，进行综合性、创造性过程控制系统实验的设计、调试、分析，培养学生的独立操作、独立分析问题和解决问题的能力；也可为学校教师和研究生进行复杂控制系统的计算机控制算法的研究工作提供一个实实在在的物理模型。

**二、本实验装置有助于学生掌握的内容**

1. 自动化仪表的初步使用，其中包括检测仪表、变送单元、执行单元和控制仪表。
2. 测定控制对象特性的方法。
3. 变频器的基本工作原理和初步使用。
4. 单回路控制系统的参数整定。
5. 复杂控制系统的参数整定。
6. 控制参数对控制系统品质指标的影响。
7. 控制系统的设计、计算、分析、接线、投运等综合能力。
8. 了解计算机控制系统的组成。
9. 了解牛顿模块的分类、使用以及RS－485通讯原理。
10. 学习组态王控制软件的功能、使用和编程。

**三、实验的基本程序**

1. 明确实验任务。
2. 提出实验方案。

3. 画实验接线图。

4. 进行实验操作，作好观测和记录，调整控制参数。

5. 整理实验数据，得出结论，撰写实验报告。

在进行本书中的综合实验时，上述程序应让学生独立完成，教师给予必要的指导，以培养学生的动手能力。要做好各主要实验，就应做到：实验前要做准备，实验中要有条理，实验后要勤分析。

# 目　录



## 第一篇　对象特性测试实验



## 第二篇　单回路控制系统实验



## 第三篇　复杂控制

## 第四篇　基于组态王的开发及应用

# 实验室操作规章

1. 爱护实验设备,遵守操作规章。
2. 不能擅自开启机器电源。
3. 不能带电插拔导线,确认电源全部关闭,方可接线。
4. 经过指导老师检查,确认无误,方可开动机器。
5. 在设置调节器参数时,不能用指甲尖挤压按钮。
6. 完成实验后,将水放回水箱。
7. 实验结束时,将导线归类整理,放置整齐。

# 第一篇

# 对象特性测试实验

对象特性的研究对设计过程控制系统有着重要的意义，而研究对象特性，需要建立一个好的数学模型，这就需要掌握好三类主要的信息来源：

(1)要确定明确的输入量和输出量

影响研究对象的输出量发生变化的输入信号可能有多个，通常选一个可控性良好、对输出量影响最大的一个输入信号作为输入量，而其余的输入信号则为干扰量。

(2)要有先验知识

在建模中，所研究的对象是工业生产中的各种装置和设备，而被控对象内部所进行的物理、化学过程可以是各式各样的，但必须符合已经发现的许多定理、原理及模型。

(3)实验数据

在进行建模时，关于过程的信息也能通过对对象的实验和测量获得。合适的定量观测和实验时验证模型和建模的重要依据。

对被控对象数学模型的要求，首先是要求它准确可靠，但这并不意味着越准确越好，应根据实际应用情况提出适当的要求。对于实际生产过程中复杂的动态性能，建模时，往往只要抓住主要因素，而忽略次要因素，并做一些近似处理，如：线性化、分布参数系统集总化和模型降阶处理等。诸如一系列的处理，建立的数学模型，仍能满足控制的要求，不仅因为用于控制的数学模型不要求非常准确，还是因为控制本身具有一定的鲁棒性。

建立被控对象的数学模型，可采用多种方法，大致可分为机理法和测试法。

用机理法建模就是根据生产过程中实际发生的变化机理，写出各种有关的平衡方程，从中获得所需要的数学模型。但用这种方法建模的首要条件时生产过程的机理必须已经被人们充分掌握，并且可以比较确切地加以数学描述。其次，除非简单的被控对象，否则难以得到阶次降低、适用的数学形式表达模型。因此，用机理法建立模型相对较繁琐。本实验系统，可采用测试法建模。

测试法一般只用于建立输入输出模型。它的特点是把被研究的工业过程视为一个黑匣子，完全从外部特性上测试和描述它的动态性质，因此不需要深入掌握其内部机理，但这并不意味着可以对内部机理毫无所知。由于过程的动态性，只有当处于变动状态下才会表现出来，在稳定状态下时表现不出来的。为了获得动态特性，必须使研究的过程处于被激励的状态，根据加入的激励信号和结果的分析方法，测试对象特件的实验方法也不同，主要有以下几种：

(1)测定动态特性的时域方法

该方法是对被控对象施加阶跃输入，测绘出对象输出量随时间变化的响应曲线，或施加脉冲输入测绘出输出的脉冲响应曲线。由响应曲线的结果分析，确定出被控对象的传递函数。

这种方法测试简单，测试工作量小，因此，广泛使用；缺点是测试精度不高。

(2)测试动态特性的频域方法

该方法是对被控对象施加不同频率的正弦波，测出输入量与输出量的幅值比和相位差，从而获得对象的频率特性，来确定被控对象的传递函数。这种方法在原理和数据处理上都比较简单，测试精度比时域法高，但此法需要专门的超低频测试设备，测试工作量较大。

(3)测定动态特性的统计方法

该方法是对被控对象施加某种随机信号或直接利用对象输入端本身存在的随机噪音进行观察和记录，由于他们引起对象各参数变化，可采用统计相关法研究对象的动态特性。这种方法可以在生产过程正常状态下进行，可以在线辨识，精度也角高。但统计相关法要求积累大量数据，并要用相关仪表和计算机对这些数据进行计算和处理。

本装置建议使用由时域法测定对象的动态特性。

该方法是人为地加非周期信号后，测定被控对象的响应曲线，然后根据响应曲线，求出被控对象的传递函数

(1)输入信号选择及实验注意事项

对象的阶跃响应曲线比较直观地反映对象的动态特性，而且从响应曲线中也易于直接求出其对应的传递函数，因此，阶跃输入信号是时域法首选的输入信号。但有时生产现场运行条件受到限制，不允许被控对象的被控参数有较大幅度的变化，或无法测出一条完整的阶跃响应曲线，则可改用矩形脉冲作为输入信号，得到脉冲响应后，再将其换成一条阶跃响应曲线。

在实验过程中要注意以下问题：

①为防止其他干扰影响，同一阶跃响应曲线应重复测试两三次，以便进行比较，从中剔除某些明显的偶然误差，并求出其中合理部分的平均值。

②在对象的同一平衡工况下，加一个反向的阶跃信号，测出对象的响应特性，与正反向的响应特性进行比较，以检验对象的非线性特性。试验时，扰动作用的取值范围为其额定值的5%～20%，一般取8%～10%。

③测试应进行到被控参数接近它的稳态值或至少也要测试到被控参数的变化速度达到最大值之后。

④一般应在被控对象最小、最大及平均负荷下重复测试，得到 $n$ 条响应曲线进行对比。

⑤要注意被测量起始状态测量的精度和加阶跃信号的计时点，这对计算对象延迟的大小和传递函数的准确性有关。

(2)实验结果的数据处理

用测试法建立被控对象的数学模型，首先要选定模型的结构。典型的工业过程的传递函数可以取为各种形式。例如：常见的形式如下：

①一阶惯性环节加纯延迟

一阶惯性环节的传递函数：

$$G(s)=\frac{K}{Ts+1}$$

延迟环节的传递函数为：

$$G(s)=\mathrm{e}^{-\tau s}$$

一阶加纯滞后对象的传递函数

$$G(s)=\frac{K\mathrm{e}^{-\tau s}}{Ts+1}$$

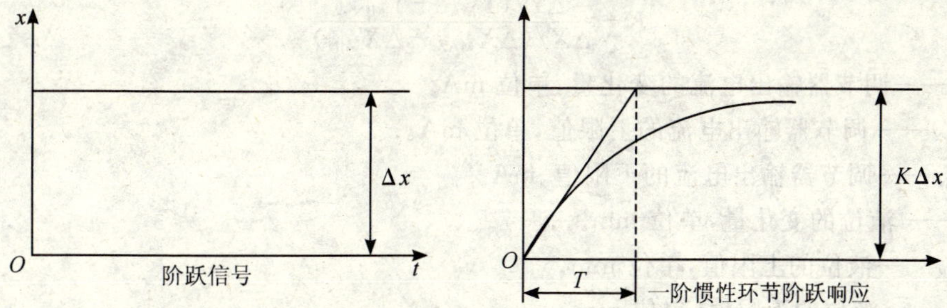


图 0-1

②二阶或高阶惯性环节加纯延迟

$$G(s)=\frac{Ke^{-\tau s}}{(Ts+1)^n}$$

根据阶跃响应曲线，如何来选择传递函数，这与测试者对被控对象的先验知识掌握的多少和本人的经验有关。一般来说，可将测试的阶跃响应曲线与标准的一阶、二阶阶跃响应曲线比较，来确定其相近曲线对应的传递函数形式作为其数据处理的模型。对同一条响应曲线，用低阶传递函数拟合，数据处理简单，计算量小，但准确度低。用高阶传递函数来拟合，则数据处理麻烦，计算量大，但拟合精度也较高。但闭环控制尤其是最常用的 PID 控制并不要求非常准确的被控对象，因此，在满足精度要求的情况下，尽量使用低阶传递函数来拟合。所以，简单一些的工业过程对象采用一二阶传递函数拟合的多。

下面举一个例子说明传递函数的求解过程。

如果阶跃响应是如图 0-2 所示的 $S$ 形单调曲线，就可以用一阶惯性加纯延迟对象的传递函数去拟合。

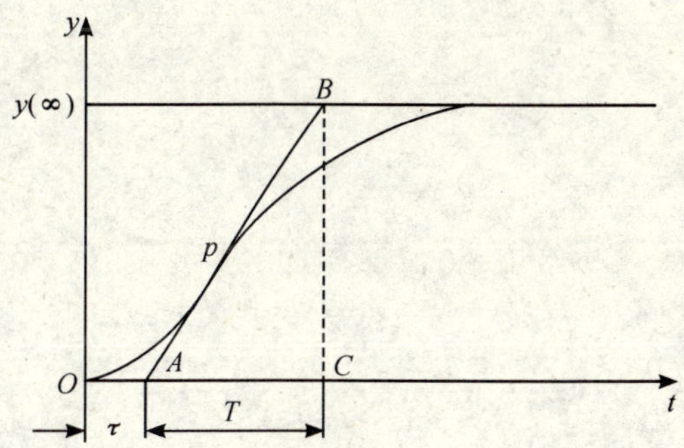


图 0-2

$$G(s)=\frac{Ke^{-\tau s}}{Ts+1}$$

$\tau$ 和 $T$ 则可以用作图法确定，即在曲线的拐点 $p$ 作切线，它与时间轴交于 $A$ 点，与曲线的稳态渐进线交于 $B$ 点。$OA$ 段的值即为纯滞后时间 $\tau$，$AC$ 段的值即为时间常数 $T$，这样就确定了 $\tau$ 和 $T$ 的数值。

设阶跃输入幅值为 $u$，则增益 $K$ 可按下式求取：

$$K\overset{\text{def}}{=}\frac{\text{输出量稳态值}}{\text{输入量}}$$

即

$$K-\frac{\Delta Y/(Y_{MAX}-Y_{MIN})}{\Delta X/(\Delta X_{MAX}-\Delta X_{MIN})}$$

式中：$\Delta X$——调节器输出电流的变化量，单位 mA。

$X_{MAX}$——调节器输出电流的上限值，单位 mA。

$X_{MIN}$——调节器输出电流的下限值、mA。

$\Delta Y$——液位的变化量，单位 mm。

$Y_{MAX}$——液位的上限值，单位 mm。

$Y_{MIN}$——液位的下限值，单位 mm。

**例 1** 实验中调节器输出电流由 8 mA 增加到 12 mA，液位增高 0.4 mm，求放大系数 $K$。

$$\Delta X=12-8=4\ \text{mA}$$

$$\Delta X/(X_{MAX}-X_{MIN})=4/(20-4)=0.25$$

$$\Delta Y/(Y_{MAX}-Y_{MIN})=0.4$$

则

$$K=0.4/0.25=1.6$$

上述公式只适用于自衡过程。对于非自衡过程，其传递函数应含有一个积分环节。对于液位控制系统，液位对象是自衡对象，单独的水箱是一阶对象，上水箱与下中水箱可以组成二阶对象。

# 实验一(1)　基于调节器控制的上水箱特性测试

## 一、实验目的

1. 熟悉实验系统。
2. 掌握调节器的功能及操作方法。
3. 掌握一阶对象特性的测量思路及方法。
4. 掌握一阶对象模型参数的求取方法。

## 二、实验设备

水泵Ⅰ、变频器、压力变送器、调节器(708 型用于恒压控制)、主回路调节阀、上水箱、上水箱液位变送器、调节器(818 型)、电流表(图 1-1)。

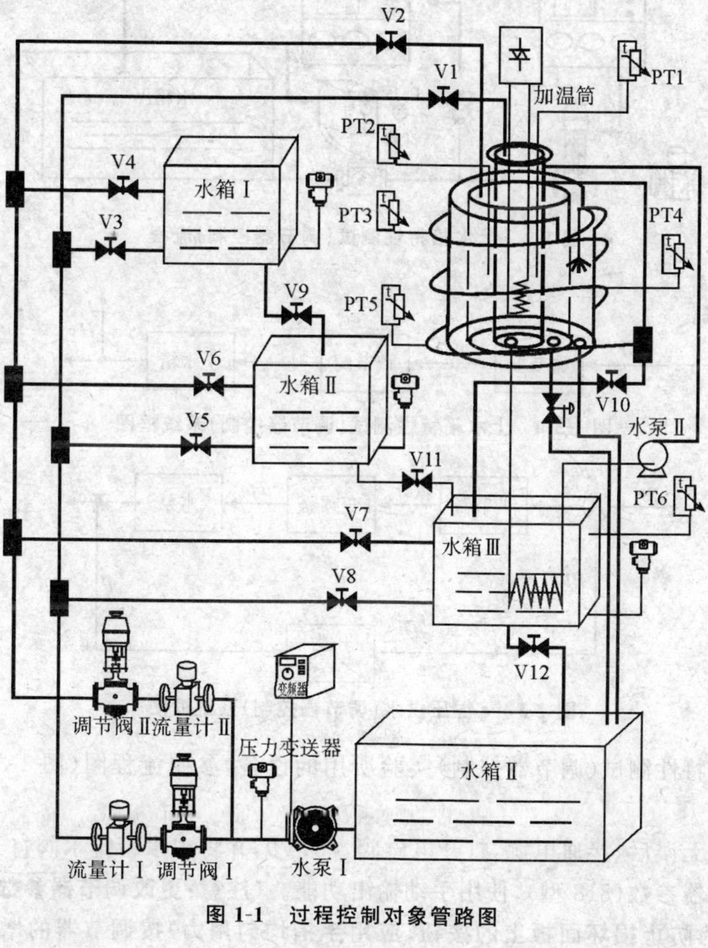


**图 1-1　过程控制对象管路图**

## 三、实验说明及操作步骤

1. 认识实验系统，了解本实验系统中各仪表的名称、基本原理以及功能，掌握其正确的接线与使用方法，以便于在实验中正确、熟练地操作仪表读取数据。熟悉实验装置面板图，做到根据面板上仪表的图形、文字符号找到该仪表。熟悉系统构成和管道的结构，认清电磁阀和手动阀的位置及其作用。

本实验采用调节器手动输出控制调节阀，流程图如图 1-2 所示。

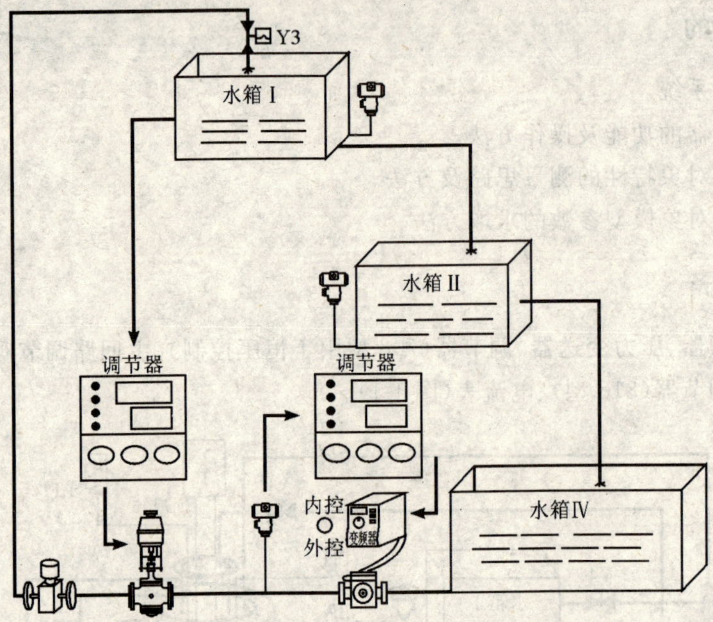


**图 1-2　上水箱特性测试(调节器控制)流程**

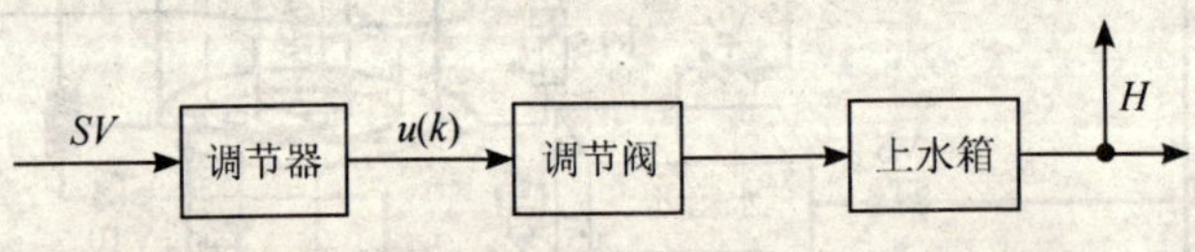


**图 1-3-a　上水箱特性测试(调节器控制)系统框图**

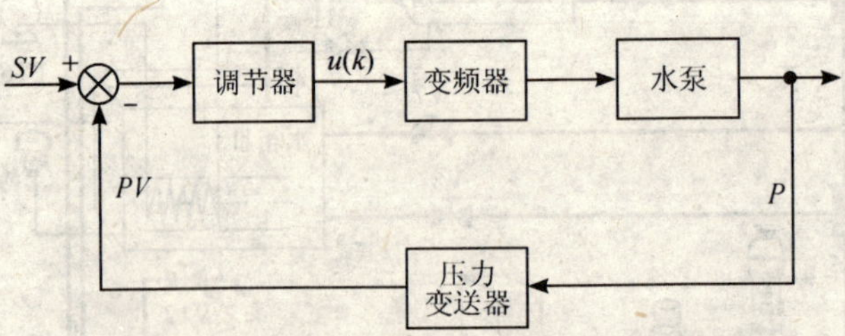


**图 1-3-b　恒压供水(调节器控制)系统框图**

2. 将上水箱特性测试(调节器控制)实验所用的设备，参照流程图(图 1-3-a)和系统框图(图 1-3-b)接线。

3. 确认接线无误后，接通电源，打开电磁阀 V3，V9，并将中水箱排水阀打开。

4. 设置调节器参数(818 型)，使用手动输出功能。(**注意：更改调节器参数时，严禁用指甲按调节器面板，为防止损坏面板上的按钮，应用手指均匀用力**)按调节器的增/减键改变输出值，使上水箱的液位处于某一平衡位置，记下此时手动输出值。

5. 按调节器的增/减键增加调节器手动输出，给系统输入幅值适宜的阶跃信号(阶跃信号在5%～15%之间)，使系统的输出产生变化，在液位较高处达到新的平衡状态。

6. 手动记录上水箱液位的阶跃响应曲线，见表1-1。

7. 调节器的手动输出回到原来的输出值，记录液位下降的曲线，见表1-1。

8. 重复步骤5－7，多次记录数据。

9. 曲线的分析处理，对实验的记录曲线分别进行分析和处理，处理结果记录于表格1-2。

**表1-1　阶跃响应曲线数据记录表**

| PV / SV　　$t$/s | | | | | | | |
|---|---|---|---|---|---|---|---|
| 正向输入值1 | | | | | | | |
| 正向输入值2 | | | | | | | |
| 正向输入平均 | | | | | | | |
| 反向输入值1 | | | | | | | |
| 反向输入值2 | | | | | | | |
| 反向输入平均 | | | | | | | |

**表1-2　阶跃响应曲线数据处理记录表**

| 参数值 / 测量情况 | 液位 | | |
|---|---|---|---|
| | $K$ | $T$ | $\tau$ |
| 正向输入 | | | |
| 反向输入 | | | |
| 平均值 | | | |

## 四、注意事项

(1)本实验要求为恒压系统，其连线可参见“第二篇　实验一(1)基于调节器的压力单闭环控制系统”。

(2)本实验为开环控制系统。

## 五、实验报告

根据试验结果编写实验报告，并计算出$K$、$T$、$\tau$的平均值，写出系统的广义传递函数(等效成惯性环节，$K$为静态增益，$T$为时间常数，$\tau$为延迟时间)。

回答下面问题：

(1)上述测定的对象特性包括哪几部分？

(2)简述测试对象特性思路。

# 实验一(2) 基于计算机控制的上水箱特性测试

## 一、实验目的

1. 熟悉实验系统。
2. 掌握一阶对象特性的测量思路及方法。
3. 掌握一阶对象模型参数的求取方法。
4. 掌握工业组态软件的使用。

## 二、实验设备

水泵Ⅰ、变频器、压力变送器、主回路调节阀、上水箱液位变送器、上水箱、牛顿模块(输入和输出)。

实验系统的流程图(图1-4):

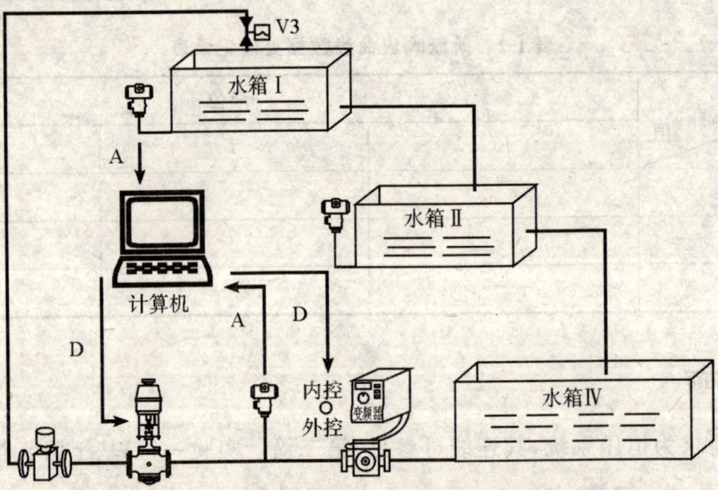


图1-4-a 上水箱特性测试(计算机控制)流程图

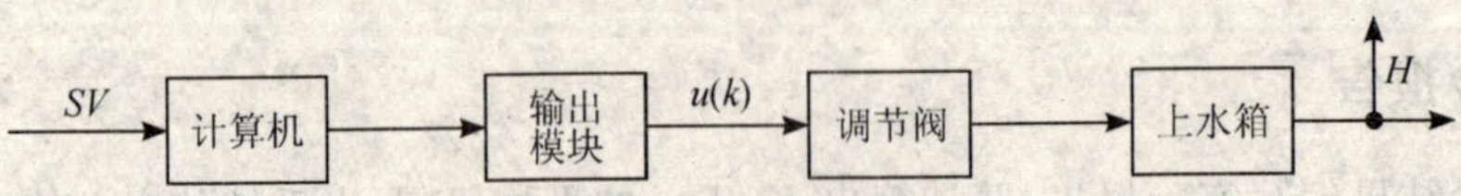


图1-4-b 上水箱特性测试(计算机控制)系统框图

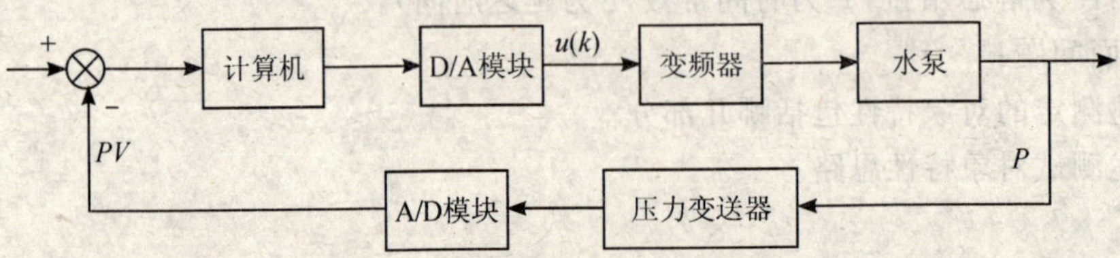


图1-4-c 计算机控制恒压供水系统框图

## 三、实验说明及操作步骤

1. 认识实验系统，了解本实验系统中各仪表的名称、基本原理以及功能，掌握其正确的接线与使用方法，以便于在实验中正确、熟练地操作仪表读取数据。熟悉实验装置面板图，做到根据面板上仪表的图形、文字符号找到该仪表。熟悉系统构成和管道的结构，认清电磁阀和手动阀的位置及其作用。

本实验采用计算机控制，通过输出模块控制调节阀，通过输入模块采集并记录数据。流程图如图 1-4 所示。

2. 将上水箱特性测试(计算机控制)所用实验设备，参照流程图和系统框图接好实验线路。

3. 确认接线无误后，接通电源。

4. 运行组态王，在工程管理器中启动"上水箱液位测试实验"，点击[实验选择]按钮，选择一阶液位对象。

5. [手动/自动]将按钮切换到手动，点击[PID 设定]按钮设定系统的输入信号值，点击[实时曲线]按钮观察输出曲线。

6. 在[PID 设定]中，点击[$u(k)$]，设定一数值使系统液位处于某一平衡位置(设定的数值过大会影响系统稳定所需的时间)。

7. 改变 $u(k)$ 输出，给系统输入幅值适宜的正向阶跃信号(阶跃信号不要太大，估计上水箱水不溢流出来为宜，一般为 5%～15%)，使系统的输出信号产生变化，上水箱液位将上升到较高的位置逐渐进入稳态。

8. 点击[历史曲线]按钮，观察计算机中上水箱液位的正向阶跃响应曲线，直至达到新的平衡为止。

9. 改变 $u(k)$ 输出，给系统输入幅值与正向阶跃相等的一个反向阶跃信号，使系统的输出信号产生变化，上水箱液将下降至较低的位置逐渐进入稳态。

10. 点击[历史曲线]按钮，观察计算机中上水箱液经的反向阶跃响应曲线，直至达到新的平衡为止。

11. 曲线的分析处理，对实验的记录曲线分别进行分析和处理，处理结果记录于表格 1-3。

表 1-3　阶跃响应曲线数据处理记录表

| 参数值 \ 测量情况 | 液位 | | |
|---|---|---|---|
| | $K$ | $T$ | $\tau$ |
| 正向输入 | | | |
| 反向输入 | | | |
| 平均值 | | | |

## 四、注意事项

(1)本实验要求为恒压系统，其连线可参见"第二篇　实验一(1)基于调节器的压力单闭环控制系统”。

(2)本实验为开环控制系统。

## 五、实验报告

根据试验结果编写实验报告，并根据 $K$、$T$、$\tau$ 平均值写出广义的传递函数。(等效成惯性环节：$K$—静态增益，$T$—时间常数，$\tau$—延迟时间)

回答下面问题：

(1)上述测定的对象特性包括哪几部分？

(2)简述测试对象特性思路。

# 实验二(1)　基于调节器控制的中水箱特性测试

## 一、实验目的

1. 熟悉实验系统。
2. 掌握调节器的功能及操作方法。
3. 掌握一阶对象特性的测量思路及方法。
4. 掌握一阶对象模型参数的求取方法。

## 二、实验设备

水泵Ⅰ、压力变送器、变频器、调节器(708 型)、中水箱、中水箱液位变送器、主回路调节阀、调节器(818 型)(图 2-1)。

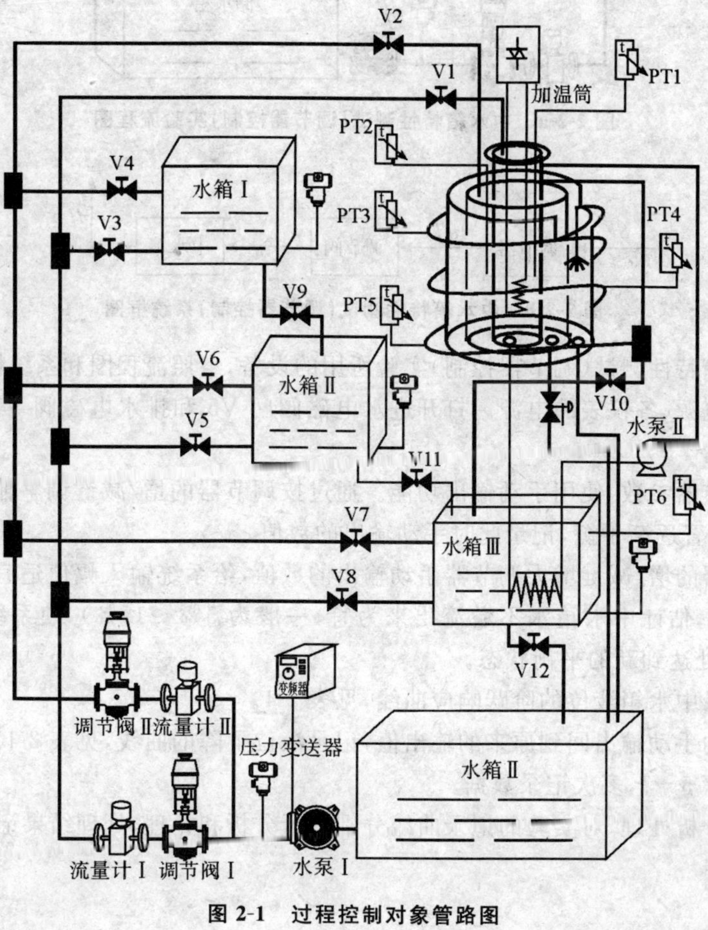


图 2-1　过程控制对象管路图

## 三、实验说明及操作步骤

1. 认识实验系统，了解本实验系统中各仪表的名称、基本原理以及功能，掌握其正确的接线与使用方法，以便于在实验中正确、熟练地操作仪表读取数据。熟悉实验装置面板图，做到根据面板上仪表的图形、文字符号找到该仪表。熟悉系统构成和管道的结构，认清电磁阀和手动阀的位置及其作用。

本实验采用调节器手动输出控制调节阀，流程图如图 2-2 所示。

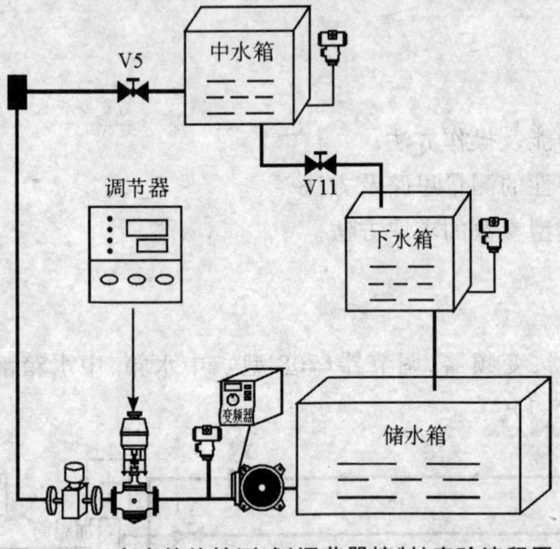


图 2-2-a　中水箱特性测试(调节器控制)实验流程图

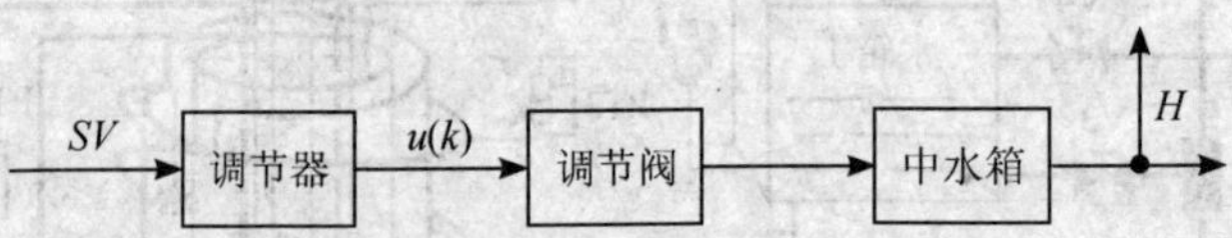


图 2-2-b　中水箱特性测试(调节器控制)系统框图

2. 将上水箱特性测试(调节器控制)实验所用的设备，参照流程图和系统框图接线。

3. 接通总电源、各仪表的电源。打开进水电磁阀门 V5 和排水电磁阀 V11。并打开下水箱手动排水阀。

4. 设置调节器参数，使用手动输出功能。通过按调节器的增/减键调整输出值，使中水箱的液位在某一位置逐渐平衡，记录此时手动输出的数值。

5. 按调节器的增/减键增大调节器手动输出的数值，给系统输入幅值适宜的阶跃信号(阶跃信号不要太大，估计中水箱水不溢流出来为宜，一般为 5%～15%)，使系统的输出产生变化，在液位较高处达到新的平衡状态。

6. 手动记录中水箱液位的阶跃响应曲线，见表 2-1。

7. 调节器的手动输出回到原来的输出值，记录液位下降的曲线，见表 2-1。

8. 重复步骤 5－7，多次记录数据。

9. 曲线的分析处理，对实验的记录曲线分别进行分析和处理，处理结果记录于表 2-2。

表 2-1 阶跃响应曲线数据记录表

| PV \ t/s \ SV | | | | | | | |
|---|---|---|---|---|---|---|---|
| 正向输入值 1 | | | | | | | |
| 正向输入值 2 | | | | | | | |
| 正向输入平均 | | | | | | | |
| 反向输入值 1 | | | | | | | |
| 反向输入值 2 | | | | | | | |
| 反向输入平均 | | | | | | | |

表 2-2 阶跃响应曲线数据处理记录表

| 参数值 \ 测量情况 | 液位 | | |
|---|---|---|---|
| | $K$ | $T$ | $\tau$ |
| 正向输入 | | | |
| 反向输入 | | | |
| 平均值 | | | |

## 四、注意事项

(1)本实验要求为恒压系统，其连线可参见“第二篇 实验一(1)基于调节器的压力单闭环控制系统”。

(2)本实验为开环控制系统。

## 五、实验报告

根据试验结果编写实验报告，并根据 $K$、$T$、$\tau$ 平均值写出广义的传递函数。(等效成惯性环节：$K$—静态增益，$T$—时间常数，$\tau$—延迟时间)

回答下面问题：

(1)上述测定的对象特性包括哪几部分？

(2)简述测试对象特性思路。

# 实验二(2) 基于计算机控制的中水箱特性测试

## 一、实验目的

1. 熟悉实验系统。
2. 掌握一阶对象特性的测量思路及方法。
3. 掌握一阶对象模型参数的求取方法。
4. 掌握工业组态软件的使用。

## 二、实验设备

水泵Ⅰ、变频器、压力变送器、中水箱、中水箱液位变送器、主回路调节阀、牛顿模块（输入和输出）。

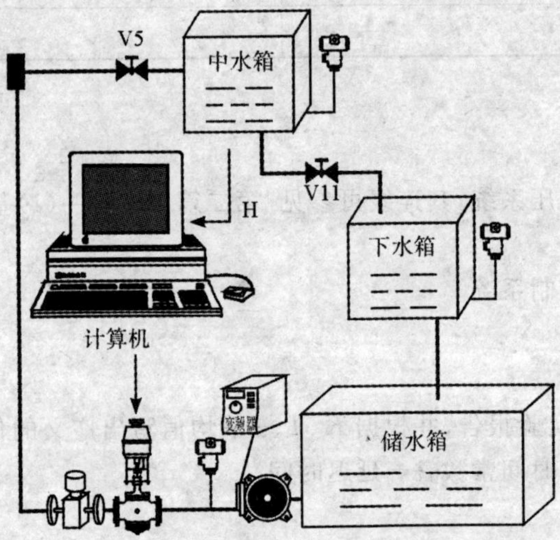


图 2-3-a 中水箱特性测试(计算机控制)实验流程图

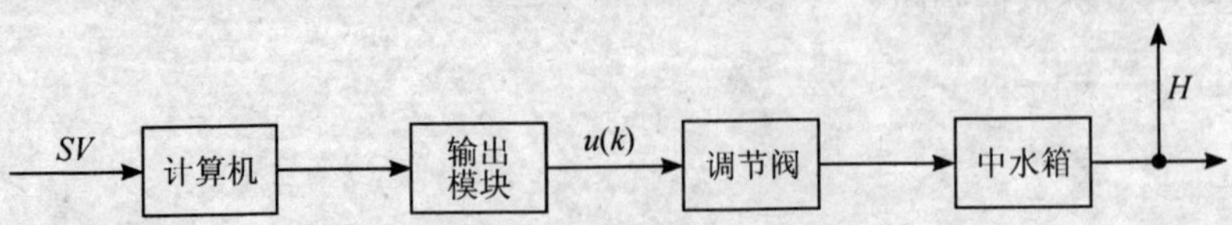


图 2-3-b 中水箱特性测试(计算机控制)系统框图

## 三、实验说明及操作步骤

1. 认识实验系统，了解本实验系统中各仪表的名称、基本原理以及功能，掌握其正确的接线与使用方法，以便于在实验中正确、熟练地操作仪表读取数据。熟悉实验装置面板图，做到根据面板上仪表的图形、文字符号找到该仪表。熟悉系统构成和管道的结构，认清电磁阀和手动阀的位置及其作用。

本实验采用计算机控制，通过输出模块控制调节阀，通过输入模块采集并记录数据。流程图如图 2-3 所示。

2. 将中水箱特性测试(计算机控制)实验所用的设备，参照流程图和系统框图接线。

3. 确认接线无误后，接通电源。

4. 运行组态王，在工程管理器中启动"中水箱液位测试实验"，点击[实验选择]按钮，选择一阶液位对象。

5. [手动/自动]将按钮切换到手动，点击[PID 设定]按钮设定系统的输入信号值，点击[实时曲线]按钮观察输出曲线。

6. 在[PID 设定]中，点击[$u(k)$]，设定一数值使系统液位处于某一平衡位置(设定的数值过大会影响系统稳定所需的时间)。

7. 改变 $u(k)$输出，给系统输入幅值适宜的正向阶跃信号(阶跃信号不要太大，估计中水箱水不溢流出来为宜，一般为 5%～15%)，使系统的输出信号产生变化，上水箱液位将上升到较高的位置逐渐进入稳态。

8. 点击[历史曲线]按钮，观察计算机中上水箱液位的正向阶跃响应曲线，直至达到新的平衡为止。

9. 改变 $u(k)$输出，给系统输入幅值与正向阶跃相等的一个反向阶跃信号，使系统的输出信号产生变化，上水箱液将下降至较低的位置逐渐进入稳态。

10. 点击[历史曲线]按钮，观察计算机中上水箱液经的反向阶跃响应曲线，直至达到新的平衡为止。

11. 曲线的分析处理，对实验的记录曲线分别进行分析和处理，处理结果记录于表 2-3。

**表 2-3　阶跃响应曲线数据处理记录表**

| 参数值 / 测量情况 | 液位 | | |
|---|---|---|---|
| | $K$ | $T$ | $\tau$ |
| 正向输入 | | | |
| 反向输入 | | | |
| 平均值 | | | |

## 四、注意事项

(1)本实验要求为恒压系统，其连线可参见"第二篇　实验一(1)基于调节器的压力单闭环控制系统"。

(2)本实验为开环控制系统。

## 五、实验报告

根据试验结果编写实验报告，并根据 $K$、$T$、$\tau$ 平均值写出广义的传递函数。(等效成惯性

环节：$K$—静态增益，$T$—时间常数，$\tau$—延迟时间）

回答下面问题：

(1)上述测定的对象特性包括哪几部分？

(2)简述测试对象特性思路。

# 实验三(1)　基于调节器控制的二阶液位特性测试

## 一、实验目的

1. 熟悉实验系统。
2. 掌握调节器的功能及操作方法。
3. 掌握二阶对象特性的测量思路及方法。
4. 掌握二阶对象模型参数的求取方法。

## 二、实验设备

水泵Ⅰ、变频器、压力变送器、调节器(708 型)、上水箱、中水箱、上水箱液位变送器、中水箱液位变送器、主回路调节阀、调节器(818 型)。

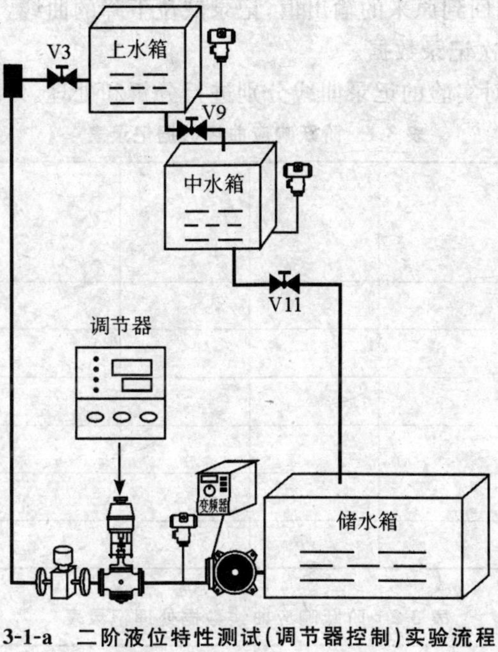


图 3-1-a　二阶液位特性测试(调节器控制)实验流程图

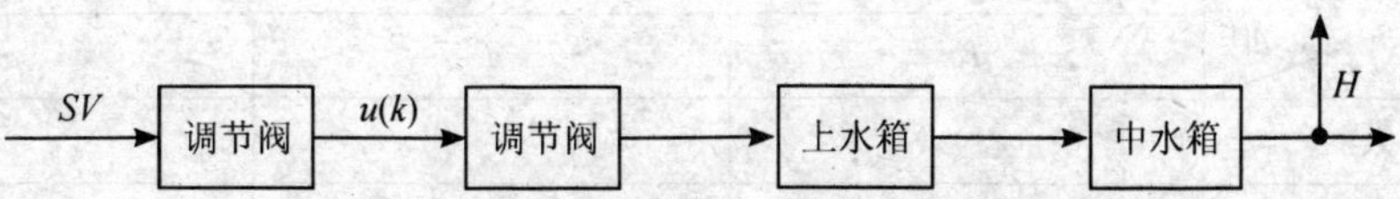


图 3-1-b　二阶液位特性测试(调节器控制)系统框图

## 三、实验说明及操作步骤

1. 认识实验系统，了解本实验系统中各仪表的名称、基本原理以及功能，掌握其正确的接线与使用方法，以便于在实验中正确、熟练地操作仪表读取数据。熟悉实验装置面板图，做到根据面板上仪表的图形、文字符号找到该仪表。熟悉系统构成和管道的结构，认清电磁阀和手动阀的位置及其作用。

本实验采用调节器手动输出控制调节阀，流程图如图 3-1 所示。

2. 将二阶液位特性对象特性测试（调节器）所用的设备，参照流程图和系统框图接线，打开上水箱进水电磁阀 V3、上水箱排水电磁阀 V9、中水箱排水电磁阀 V11 和下水箱排水电磁阀 V12。

3. 确认接线无误后，接通总电源、各仪表的电源。

4. 设置调节器处于手动位置，按调节器的增/减键改变手动输出值，使系统在液位处于某一平衡位置，记下此时手动输出。

5. 按调节器的增/减键增大调节器手动输出的数值，给系统输入幅值适宜的阶跃信号（阶跃信号不要太大，估计水箱中水不溢流出来为宜，一般为 5%～15%），使系统的输出产生变化，在液位较高处达到新的平衡状态。

6. 手动记录中水箱液位的阶跃响应曲线，见表 3-1。

7. 调节器的手动输出回到原来的输出值，记录液位下降的曲线，见表 3-1。

8. 重复步骤 5—7，多次记录数据。

9. 曲线的分析处理，对实验的记录曲线分别进行分析和处理，处理结果记录于表 3-2。

表 3-1 阶跃响应曲线数据记录表

| *PV* \ *t*/s \ *SV* | | | | | | | | |
|---|---|---|---|---|---|---|---|---|
| 正向输入值 1 | | | | | | | | |
| 正向输入值 2 | | | | | | | | |
| 正向输入平均 | | | | | | | | |
| 反向输入值 1 | | | | | | | | |
| 反向输入值 2 | | | | | | | | |
| 反向输入平均 | | | | | | | | |

表 3-2 阶跃响应曲线数据处理记录表

| 参数值 \ 测量情况 | 液位 | | |
|---|---|---|---|
| | $K$ | $T$ | $\tau$ |
| 正向输入 | | | |
| 反向输入 | | | |
| 平均值 | | | |

## 四、注意事项

(1)本实验要求为恒压系统，其连线可参见“第二篇　实验一(1)基于调节器的压力单闭环控制系统”。

(2)本实验为开环控制系统。

## 五、实验报告

根据试验结果编写实验报告，并根据 $K$、$T$、$\tau$ 平均值写出广义的传递函数。(等效成惯性环节：$K$—静态增益，$T$—时间常数，$\tau$—延迟时间)

回答下面问题：

(1)上述测定的对象特性包括哪几部分？

(2)简述测试对象特性思路。

# 实验三(2) 基于计算机控制的二阶液位特性测试

## 一、实验目的

1. 熟悉实验系统。
2. 掌握二阶对象特性的测量思路及方法。
3. 掌握二阶对象模型参数的求取方法。
4. 掌握工业组态软件的使用。

## 二、实验设备

水泵Ⅰ、变频器、压力变送器、上水箱、中水箱、上水箱液位变送器、中水箱液位变送器、牛顿模块(输入、输出)(图 3-2)。

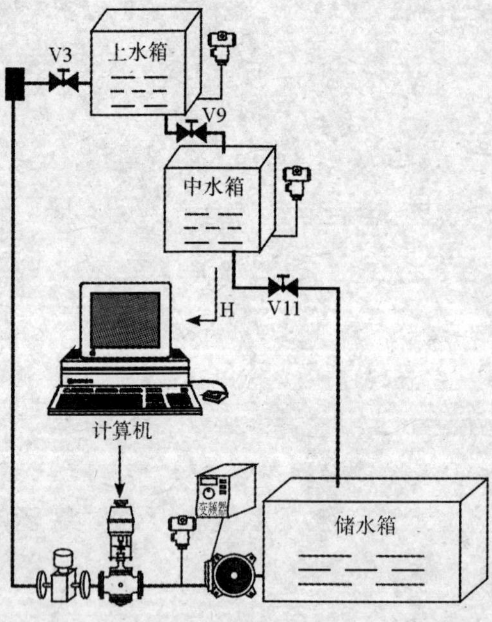


图 3-2-a 二阶液位特性测试(计算机控制)实验流程图

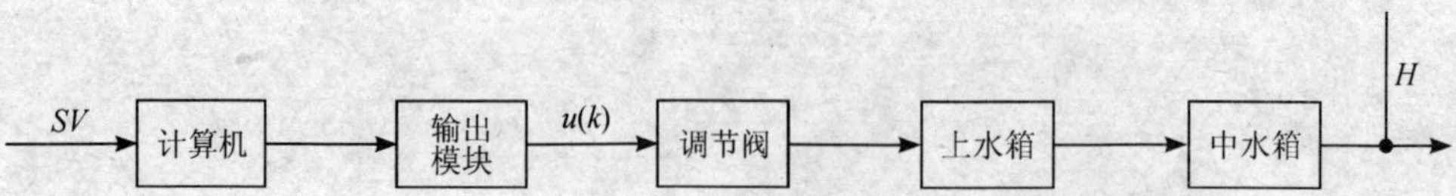


图 3-2-b 二阶液位特性测试(计算机控制)系统框图

液位装置中的液位对象是自衡对象,单独的水箱是一阶对象,上水箱与中水箱可以组成二阶对象。

## 三、实验说明及操作步骤

1. 认识实验系统，了解本实验系统中各仪表的名称、基本原理以及功能，掌握其正确的接线与使用方法，以便于在实验中正确、熟练地操作仪表读取数据。熟悉实验装置面板图，做到根据面板上仪表的图形、文字符号找到该仪表。熟悉系统构成和管道的结构，认清电磁阀和手动阀的位置及其作用。

本实验采用计算机控制，通过输出模块控制调节阀，通过输入模块采集并记录数据。流程图如图 3-2 所示。

2. 将二阶液位特性对象特性测试(计算机)所用的设备，参照流程图和系统框图接线。

3. 确认接线无误后，接通总电源、各仪表的电源。

4. 运行组态王，在组态王工程管理器界面中启动二阶液位特性测试，点击［实验选择］按钮，选择二阶液位对象。

5. ［手动/自动］切换按钮置手动，点击［PID 设定］按钮，点击［实时曲线］按钮。

6. 点击 PID 设定中的 $u(k)$ 进行数据输入使系统液位处于某一平衡位置。

7. 改变 $u(k)$ 输出，给系统输入幅值适宜的正向阶跃信号(阶跃信号不要太大，估计中水箱水不溢流出来为宜，一般在 5%～15%之间)，使系统的输出信号产生变化，上水箱液位将上升到较高的位置逐渐进入稳态。

8. 点击［历史曲线］按钮，观察计算机中上水箱液位的正向阶跃响应曲线，直至达到新的平衡为止。

9. 改变 $u(k)$ 输出，给系统输入幅值与正向阶跃相等的一个反向阶跃信号，使系统的输出信号产生变化，上水箱液将下降至较低的位置逐渐进入稳态。

10. 点击［历史曲线］按钮，观察计算机上中水箱液位的反向阶跃响应历史曲线，直至达到新的平衡为止。

11. 曲线的分析处理，对实验的记录曲线分别进行分析和处理，处理结果记录于表 3-3。

**表 3-3　阶跃响应曲线数据处理记录表**

| 参数值 / 测量情况 | 液位 | | |
|---|---|---|---|
| | $K$ | $T$ | $\tau$ |
| 正向输入 | | | |
| 反向输入 | | | |
| 平均值 | | | |

## 四、注意事项

(1)本实验要求为恒压系统，其连线可参见“第二篇　实验一(1)基于调节器的压力单闭环控制系统”。

(2)本实验为开环控制系统。

## 五、实验报告

根据试验结果编写实验报告，并根据 $K$、$T$、$\tau$ 平均值写出广义的传递函数。（等效成惯性环节：$K$—静态增益，$T$—时间常数，$\tau$—延迟时间）

回答下面问题：

(1)上述测定的对象特性包括哪几部分？

(2)简述测试对象特性思路。

# 实验四(1)　基于调节器控制的温度加热器特性测试

## 一、实验目的

1. 熟悉实验系统。
2. 了解本实验中加热系统的原理、作用及操作方法。
3. 掌握对象特性的测量思路及方法。
4. 掌握对象模型参数的求取方法。

## 二、实验所用设备

水泵Ⅰ、变频器、压力变送器、调节器(708 型,用于控制恒压供水)、主回路流量计、主回路调节阀、副回路调节阀、加热器外筒、调节器(708 型,用于流量控制)、加热器内筒、加热器外筒、温度变送器(PT1)、交流固体继电器(可控硅)、调节器(818 型)。

本实验中,加热系统是由可控硅移相触发器、加热管、加热圆筒、热电阻组成。改变可控硅触发器的控制电流(4～20 mA),就可以改变其输出电压(0～220 V),从而控制加热管的功率,通过散热系统的配合,达到控制温度的目的。(注意:严禁触摸加热器的顶部,避免触电或烫伤!)

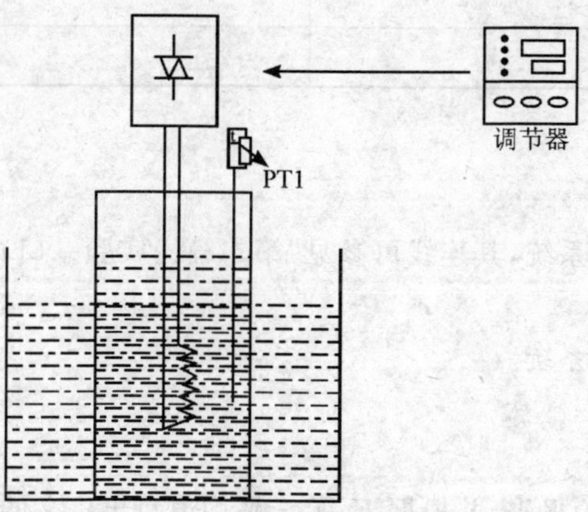


图 4-1-a　温度对象特性测试流程图

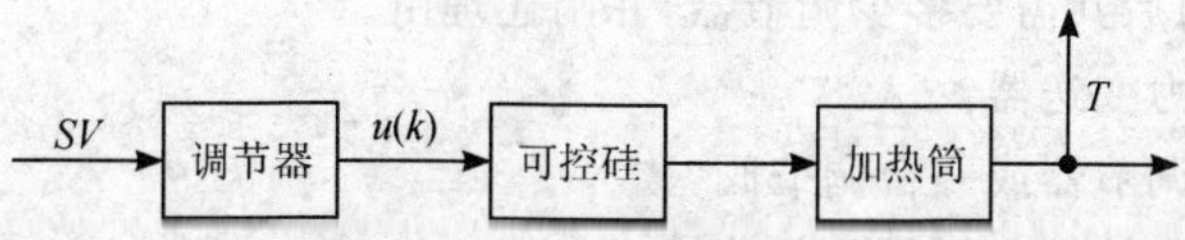


图 4-1-b　温度对象特性测试系统框图

## 三、实验内容及操作步骤

1. 手动打开电磁阀 V1、V2，关闭加热器放水阀，使加热器最内层容器和中间层容器分别注满水。中间容器中水的作用是散热。

2. 将温度特性测试实验所用的设备，参照流程图（图 4-1-a）和系统框图（图 4-1-b）接好实验线路。本实验是调节器控制。

3. 接通总电源、各仪表电源，加热器电源（如果加热圆筒中没水，蜂鸣器将发出报警声，应立即将加热器电源关掉，重新向加热圆筒中灌水）。

4. 设置调节器（控制温度）处于手动状态，使调节器手动输出小电流状态下系统达到平衡，记下手动输出的百分比。

5. 改变调节器增/减键，使调节器的输出电流变大，系统从新到达平衡，记下手动输出的百分比。

6. 改变调节器增/减键，使调节器回到小电流输出给定状态。

7. 观察计算机上温度历史曲线图，直至达到新的平稳为止。

8. 再将调节器输出电流回到大电流输出状态，观察调节器的输出值，直至达到新的平稳为止。

9. 曲线的分析处理，对实验的记录曲线分别进行分析和处理，处理结果记录于表 4-1。

**表 4-1 阶跃响应曲线数据处理记录表**

| 参数值 / 测量情况 | 液位 | | |
|---|---|---|---|
| | $K$ | $T$ | $\tau$ |
| 正向输入 | | | |
| 反向输入 | | | |
| 平均值 | | | |

## 四、注意事项

(1)本实验要求为恒压系统，其连线可参见“第二篇 实验一(1)基于调节器的压力单闭环控制系统”。

(2)本实验为开环控制系统。

## 五、实验报告

根据试验结果编写实验报告，并根据 $K$、$T$、$\tau$ 平均值写出广义的传递函数。

回答下面问题：

1. 完成本实验，前后共需要多少调节器，并阐述理由。

2. 为什么需要压力变送器？

3. 能否只用二台调节器或一台调节阀？

4. 上述测定的对象特性包括哪几部分？

# 实验四(2)　基于计算机控制的温度加热器特性测试

## 一、实验目的

1. 熟悉实验系统。
2. 了解本实验中加热系统的原理、作用及操作方法。
3. 掌握对象特性的测量思路及方法。
4. 掌握对象模型参数的求取方法。
5. 掌握工业组态软件的使用。

## 二、实验设备

水泵Ⅰ、变频器、压力变送器、主回路调节阀、副回路调节阀、温度变送器(PT1)、交流固体继电器(可控硅)、牛顿模块(输入、输出)。

本实验中,加热系统是由可控硅移相触发器、加热管、加热圆筒、热电阻组成。改变可控硅触发器的控制电流(4～20 mA),就可以改变其输出电压(0～220 V),从而控制加热管的功率,通过散热系统的配合,达到控制温度的目的。

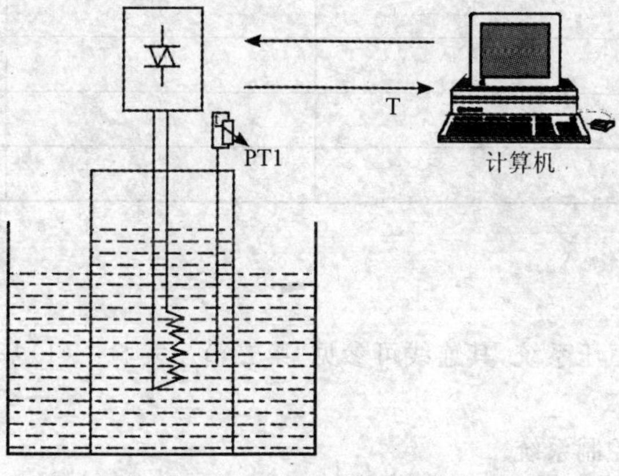


**图 4-2-a　温度对象特性测试(计算机)流程图**

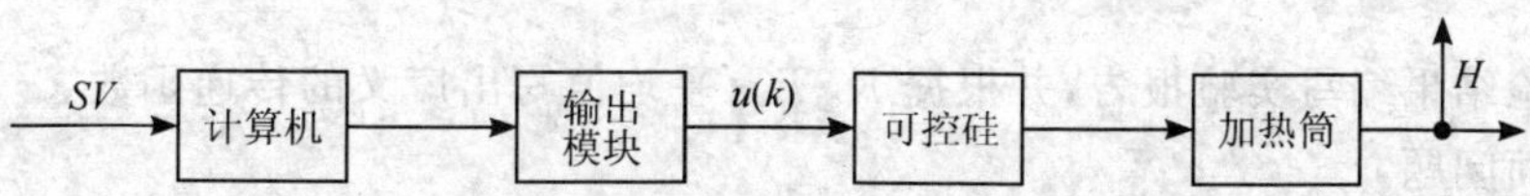


**图 4-2-b　温度对象特性测试(计算机)系统框图**

## 三、实验说明及操作步骤

1. 手动打开电磁阀 V1、V2,关闭加热器放水阀,使加热器内筒和外筒分别注满水。外筒盛水的目的是散热。

2. 将温度特性测试实验所用的设备，参照流程图（图 4-2-a）和系统框图（图 4-2-b）接线。

3. 接通总电源、各仪表电源，加热器电源（如果加热圆筒中没水，蜂鸣器发出报警声，应立即将加热器电源关掉，重新向加热圆筒中灌水）。

4. 运行组态王在组态王工程管理器界面中启动求是教仪组态王实验点击 实验选择 按钮，选择对象。

5. 手动/自动 切换按钮置手动，点击 PID 设定 按钮，点击 实时曲线 按钮。

6. 点击 PID 设定，设置 $u(k)$ 使系统温度升高并逐渐达到稳态，$u(k)$ 不宜过大。

7. 改变 $u(k)$ 输出，给系统输入幅值适宜的正向阶跃信号，使系统的输出信号产生变化，温度上升后重新达到平衡状态。

8. 点击 历史曲线 按钮，观察计算的温度的正向阶跃响应历史曲线，直至达到新的平衡为止。

9. 改变输出使系统输入幅值与正向阶跃相等的一个反向阶跃信号，使系统的输出信号变化，下降到一个较低的温度进入状态平衡。

10. 点击 历史曲线 按钮，观察计算机的温度反向阶跃响应历史曲线，直至达到新的平衡为止。

11. 曲线的分析处理，对实验的记录曲线分别进行分析和处理，处理结果记录于表 4-2。

表 4-2 阶跃响应曲线数据处理记录表

| 参数 / 测量情况 / 值 | 液位 | | |
|---|---|---|---|
| | $K$ | $T$ | $\tau$ |
| 正向输入 | | | |
| 反向输入 | | | |
| 平均值 | | | |

## 四、注意事项

(1)本实验要求为恒压系统，其连线可参见“第二篇 实验一(1)基于调节器的压力单闭环控制系统”。

(2)本实验为开环控制系统。

## 五、实验报告

根据试验结果编写实验报告，并根据 $K$、$T$、$\tau$ 平均值写出广义的传递函数。

回答下面问题：

1. 调节器在此的作用是什么？能否只用一台或二台？

2. 温度加热器特性测试实验开始时，是否可以不用这些调节器？

3. 上述测定的对象特性包括哪几部分？

# 实验四(补充)　温度变送器的调校与使用

## 一、实验目的

1. 了解分度校验法对热电阻进行校验的原理及操作方法。
2. 熟练掌握温度变送器的使用方法和校验方法。

## 二、实验设备

PT1(标准热电阻 Cu50)、温度变送器、电流表(用于测量热电阻变送后的电流大小)、加热器及相应管道。

## 三、实验指导

### (一)实验原理

热电阻的校验有两种常用的方法——纯度校验法和分度校验法。

纯度校验法即通过实验方法,精确地测量被校热电阻在 0℃及 100℃条件下的电阻阻值 R0 、R100,并求出 R100/ R0 后判断其准确性。

分度校验法则是选取若干个校验点,分别测出标准热电阻和被校热电阻的阻值,通过查表求得各自对应的温度,并求得误差后与性能指标中的允许值进行比较来判断被校热电阻的测量准确性。

PT100 热电阻的分度表如下表所示:

| 温度 | 0℃ | 50℃ | 100℃ | 150℃ | 200℃ | 250℃ | 300℃ |
|---|---|---|---|---|---|---|---|
| 阻值 | 100 Ω | 119.4 Ω | 138.5 Ω | 158.33 Ω | 175.86 Ω | 194.10 Ω | 212.05 Ω |

三线制温度变送器 DZ－4130 的接线端口如图 4-3 所示:

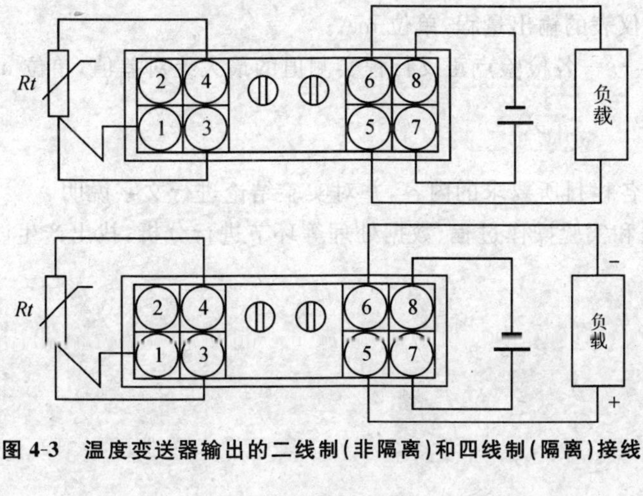


图 4-3　温度变送器输出的二线制(非隔离)和四线制(隔离)接线

(二)实验步骤

1. 对实验装置进行连线,连接完成后经实验指导老师检查,确认无误后方可进行校验。

2. 根据分度表调节 $Rt$ 的阻值。

3. 使用毫安表测量变送电流的输出。根据分度表调整温度变送器的零点(ZERO)和量程(SPAN)。

4. 记录 $Rt$ 阻值及变送输出电流值。

5. 记录数据、处理表格数据。

**表 4-3 调节器面板指示仪表检验记录**

<table>
<tr><th>项目</th><th>被校仪表刻度值</th><th>20℃</th><th>40℃</th><th>60℃</th><th>80℃</th><th>100℃</th></tr>
<tr><td rowspan="8">测量指示仪表</td><td>标准测量值</td><td></td><td></td><td></td><td></td><td></td></tr>
<tr><td rowspan="2">实际测量值<br>(mA)</td><td></td><td></td><td></td><td></td><td></td></tr>
<tr><td></td><td></td><td></td><td></td><td></td></tr>
<tr><td rowspan="2">实测引用误差<br>(mA)</td><td></td><td></td><td></td><td></td><td></td></tr>
<tr><td></td><td></td><td></td><td></td><td></td></tr>
<tr><td>(I 正− I 反)/I</td><td></td><td></td><td></td><td></td><td></td></tr>
<tr><td>实测基本误差</td><td>%</td><td>被校表允许<br>基本误差</td><td colspan="3"></td></tr>
<tr><td>实测变差</td><td>%</td><td>被校表允许差变</td><td colspan="3"></td></tr>
</table>

误差计算公式

$$\text{绝对误差 } \Delta = I_{O实} - I_{O标}$$

$$\text{引用误差} = \pm \Delta / (I_{O上} - I_{O下}) \times 100\%$$

$$\text{基本误差} = \pm \Delta_{MAX} / (I_{O上} - I_{O下}) \times 100\%$$

$$\text{变 差} = |I_{O正} - I_{O反}|_{MAX} / (I_{O上} - I_{O下}) \times 100\%$$

$I_{O标}$——某点输出信号的标准值,单位 mA。

$I_{O实}$——某点输出信号的实际值,单位 mA。

$\Delta_{MAX}$——各校验点绝对误差的最大值,单位 mA。

$I_{O上} - I_{O下}$——仪表的输出量程,单位 mA。

$|I_{O正} - I_{O反}|_{MAX}$——各检验点正反行程实测值的最大绝对差值,单位 mA。

## 四、实验报告

1. 完成表 4-3 各栏目所要求的内容,并对实验结论进行文字说明。

2. 对实验方法和实验操作过程、数据处理等环节进行分析,找出产生误差的主要原因。

# 实验五(1)　基于调节器控制的调节阀流量特性测试

## 一、实验目的

1. 熟悉实验系统。

2. 了解阀的工作特性及其作用。

3. 掌握阀流量特性的测量思路及方法。

## 二、实验设备

水泵Ⅰ、变频器、压力变送器、调节器(708型),主回路流量计,主回路调节阀、调节器(818型)。

调节阀是受输入电流(4～20 mA)控制,并且有阀位反馈电流(4～20 mA)。

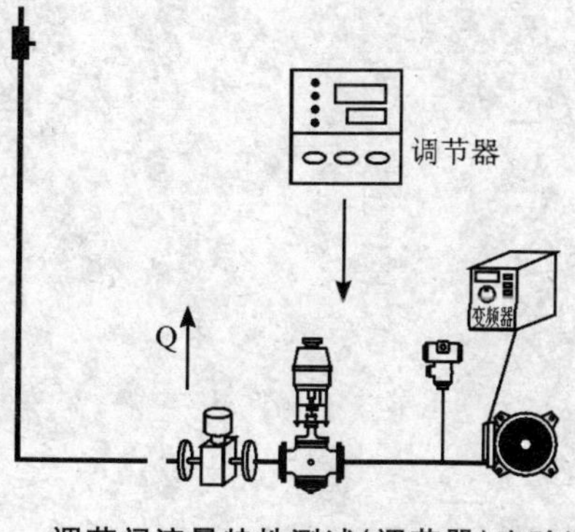


图 5-1-a　调节阀流量特性测试(调节器)实验流程图

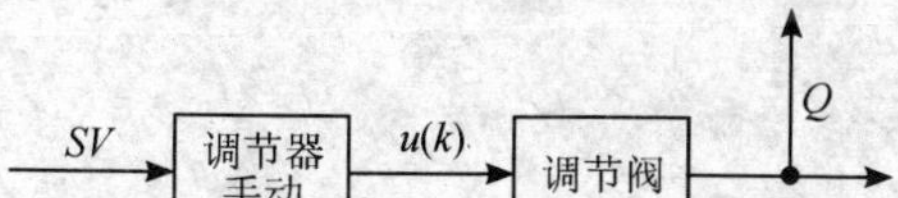


图 5-1-b　调节阀流量特性测试(调节器)系统框图

## 三、实验说明及操作步骤

1. 实验装置的认识,了解调节阀的工作原理、作用及所在的位置。

2. 将调节阀特性测试实验所用的设备,按系统框图(图 5-1)接好实验线路,打开相应的电磁阀形成流量通路。

3. 接通总电源、各仪表电源。

4. 设置调节器处于手动状态,改变手动给定 10%,20%,30%,…,100%分别记录调节器的输出电流和流量计的流量(调节阀的进出口压力保持不变)。

5. 利用同样的方法测试另一调节阀流量特性，并画出特性曲线。

## 四、注意事项

(1)本实验要求为恒压系统，其连线可参见"第二篇 实验一(1)基于调节器的压力单闭环控制系统"。

(2)本实验为开环控制系统。

## 五、实验报告

根据试验结果编写实验报告，并且以电流作为横坐标、流量作为纵坐标，画出特性曲线图。根据画出的特性曲线，判断阀体是快开特性，等百分比特性还是慢开特性。

回答下面问题：

(1)变频器、水泵Ⅰ、压力变送器在此的作用？

(2)两台调节器的作用分别是什么？

(3)调节阀的输入电流值如何获得？

(4)快开、慢开、等百分比三者的流量特性有何不同？

# 实验五(2)　基于计算机控制的调节阀流量特性测试

## 一、实验目的

1. 熟悉实验系统。
2. 了解阀的工作特性及其作用。
3. 掌握阀流量特性的测量思路及方法。
4. 掌握工业组态软件的使用。

## 二、实验设备

水泵Ⅰ、变频器、压力变送器、主回路流量计、主回路调节阀、牛顿模块(输入、输出)。

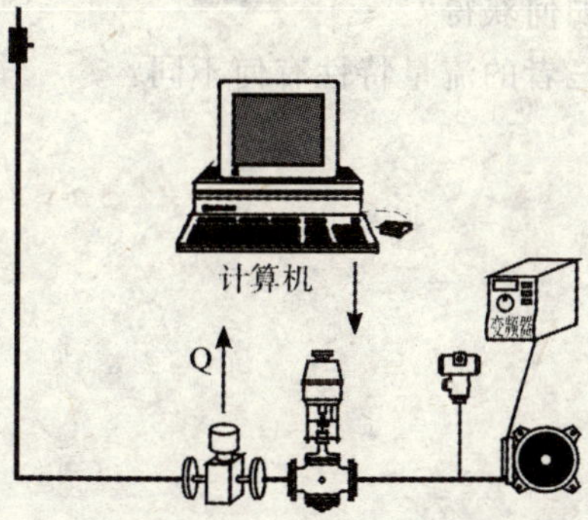


图 5-2-a　调节阀流量特性测试(计算机)实验流程图

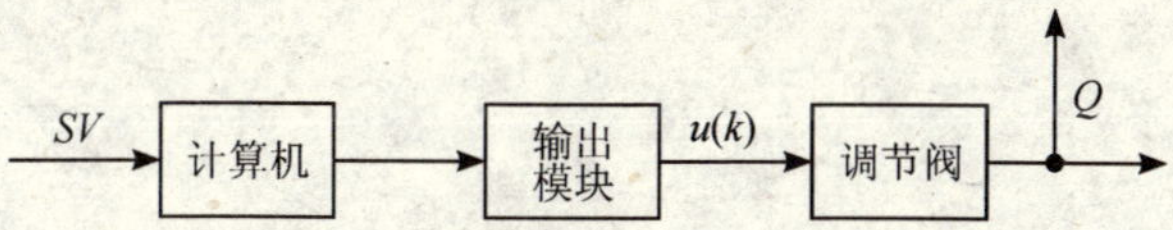


图 5-2-b　调节阀流量特性测试(计算机)系统框图

## 三、实验说明及操作步骤

1. 实验装置的认识,了解调节阀的工作原理、所在的位置及其作用。
2. 将调节阀特性测试实验所用的设备,参照流程图(图 5-2-a)和系统框图(图 5-2-b)接线。
3. 接通总电源、各仪表电源。
4. 运行组态王在组态王工程管理器界面中启动求是教仪组态王实验,点击 实验选择 按钮,选择调节阀特性测试。
5. 点击 特性测试 和 特性曲线 按钮,开始调节阀特性测试实验。

6. 点击 $u(k)$ 的增/减键，开始测试调节阀的正向流量特性，直至 $u(k)=1\ 000$，再点击 $u(k)$ 增/减键，停止调节阀正向特性测试。

7. 点击 $u(k)$ 增/减键，开始测试调节阀的反向流量特性直至 $u(k)=0$，再点击 $u(k)$ 增/减键，停止调节阀反向特性测试。

8. 记录调节阀特性曲线。

## 四、注意事项

(1)本实验要求为恒压系统，其连线可参见"第二篇　实验一(1)基于调节器的压力单闭环控制系统"。

(2)本实验为开环控制系统。

## 五、实验报告

根据试验结果编写实验报告，并且以电流作为横坐标、流量作为纵坐标，画出特性曲线图。根据画出的特性曲线，判断阀体是快开特性，等百分比特性还是慢开特性。

回答下面问题：

(1)实验过程中，为什么要反复调整 $u(k)$？

(2)调节阀的输入电流值如何获得？

(3)快开、慢开、等百分比三者的流量特性有何不同？

# 第二篇

# 单回路控制系统实验

单回路控制系统又称简单控制系统，它由被控对象、传感器、变送器、控制器和执行器组成一个闭合回路，也称反馈控制系统。它是最基本、使用最广泛的控制系统，适用于被控对象滞后时间比较小、负荷和干扰变化不大、控制质量要求不很高的场合。单回路控制系统的设计和参数整定方法是各类复杂控制系统设计和整定的基础。

在做单回路实验中，应注意的问题：

1. 测试前系统处于正常的工作状态(平衡状态)，反应曲线的初始点应是输入信号的开始作阶跃信号的瞬间，这一段时间必须在记录纸上标出，以便推算纯滞后时间 $\tau$。测试与记录工作必须持续到输出参数达到新的稳态值。

2. 在阶跃反应的曲线中，必须注意工作点与阶跃幅值的选取。

3. 每次实验应在相同的条件下进行两次以上。只有在所测试数据相同时方为合格。

4. 为了进行线性校验，可作正、负种两干扰进行比较，也可作不同扰动量的实验。

5. 调节器参数的整定，它是过程控制系统设计的核心内容之一。下面详细介绍单回路控制系统的参数整定。

单回路参数整定的任务是：根据被控过程的特性确定 PID 调节器的比例度 $\delta$，积分时间 $T_I$ 及微分时间 $T_D$ 的大小。整定的依据通常以系统瞬态响应的衰减率为主要指标，保证系统具有一定的稳定裕量。而调节器参数整定的方法很多，概括起来可分为两大类：一是理论计算整定法：它主要依据系统的数学模型，采用控制理论中的根轨迹法，频率特性法等，经过理论计算确定调节器的数值。这种方法不仅计算烦琐，而且过分依赖数学模型，所得到数据未必直接可用，还必须通过实际进行调整和修改。因此，理论计算整定法除了有理论指导意义外，工程实际中较少采用。二是工程整定法，它与理论计算方法不同，它一般不要求知道对象特性，而是主要依靠工程经验，直接在过程控制的实验中进行，且方法简单，易于掌握，相当实用，从而在工程实际中被广泛采用。本实验系统使用工程整定法整定调节器参数。

调节器的工程整定方法，主要有经验试凑法、临界比例度法、衰减曲线法。

**一、经验试凑法**

它是根据经验先将控制器的参数放在某一数值上，直接在闭环控制系统中通过改变设定值施加干扰实验信号，在记录仪观察被控量的过渡过程的曲线形状运用 $\delta$、$T_I$、$T_D$、对过渡过程的影响为依据，按规定顺序对比例度、积分时间、微分时间逐一进行整定，直至获得满意的控制质量。

表 0-1 采用经验试凑法的整定参数

| 调节规律 \ 整定参数 | $\delta$(%) | $T_I$ | $T_D$ |
|---|---|---|---|
| 液位 | 20～80 | — | — |
| 压力 | 30～70 | 0.4～3 | — |
| 流量 | 40～100 | 0.1～1 | — |
| 温度 | 20～60 | 3～10 | 0.3～1 |

控制器参数试凑的顺序有两种方法：

一种方法认为：比例作用是基本的控制作用，因此，首先将比例度凑试好，待过渡过程基本稳定后，然后将积分作用以消除余差，最后加入微分作用进一步提高控制质量。

具体步骤为：

1. 对于 P 控制器，将比例度 $\delta$ 放在较大经验数值上，逐步减小 $\delta$，观察被控量的过渡过程曲线，直到曲线满意为止。

2. 对于 PI 控制器，先置 $T_I=\infty$，按纯比例作用整定比例度 $\delta$，使之达到 4∶1 衰减过程曲线，然后，将 $\delta$ 放大 10%～20%，将积分作用由大至小逐步加入，直至获得 4∶1 衰减过程。

3. 对于 PID 控制器，将 $T_D=0$，先将 PI 作用试凑程序整定好 $\delta$、$T_I$ 参数，然后将 $\delta$ 减低到比原值小 10%～20%，$T_I$ 也适当减小后，再把 $T_D$ 由小至大地逐步加入，观察过渡过程曲线，直到获得满意的过渡过程为止。

另一种方法整定顺序认为：$\delta$ 和 $T_I$ 在一定的范围内是相匹配的，可以得到相同递减比的过渡过程。这样，$\delta$ 的减小可用增大 $T_I$ 来补偿，反之亦然。因此，可以根据表中的经验数据，预先确定一个 $T_I$ 值，然后由大到小调整 $\delta$，以获得满意的过渡过程为止。如加微分作用，可取 $T_D=(1/3\sim1/4)T_I$，置好 $T_I$、$T_D$ 之后，再调整 $\delta$ 至满意。

**二、临界比例度法**

又称稳定边界条件法，是目前应用较广的一种控制器参数整定方法。它是先让控制器在纯比例作用下，通过现场试验找到等幅振荡的过渡过程，记下此时的比例度和等幅振荡周期，再通过简单的计算，求出衰减振荡时控制器的参数。

具体步骤如下：

1. 将调节器的积分时间 $T_I$ 置于最大（$T_I=\infty$）微分时间 $T_D$ 置零（$T_D=0$），比例度 $\delta$ 置为较大的数值，使系统投入闭环运行。

2. 待系统运行稳定后，对设定值施加一个阶跃扰动，并减小 $\delta$，直到系统出现如图 0-1 所示的等幅震荡，即临界震荡过程。记录此时的 $\delta_{cr}$（临界比例带）和等幅震荡周期 $T_{cr}$。

3. 根据记录的 $\delta_{cr}$ 和 $T_{cr}$，按表 0-2 给出的经验公式计算出调节器的 $\delta$、$T_I$ 及 $T_D$ 的参数。

表 0-2 采用临界比例度法的整定参数

| 调节规律 \ 整定参数 | $\delta$(%) | $T_I$ | $T_D$ |
|---|---|---|---|
| $P$ | $2\delta_{cr}$ | | |
| $PI$ | $2.2\delta_{cr}$ | $0.85T_{cr}$ | |
| $PID$ | $1.67\delta_{cr}$ | $0.5T_{cr}$ | $0.125T_{cr}$ |

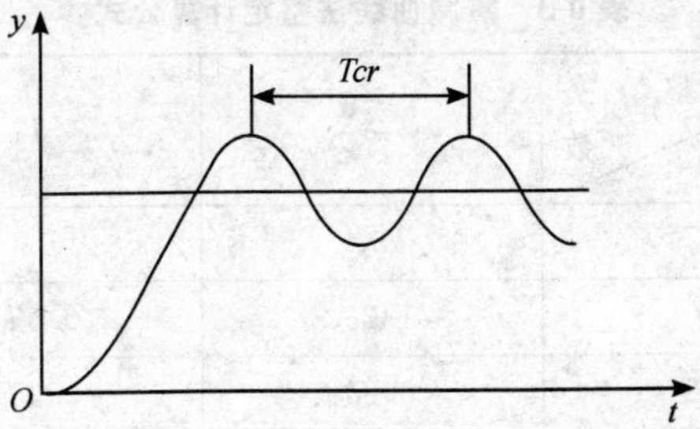


**图 0-1　系统的临界震荡过程**

需要指出的是，采用这种方法整定调节器的参数时会受到一定的限制，如有些过程控制系统不允许进行反复震荡实验，像加热器给水系统和燃烧控制系统等，就不能应用此法。再如某些时间常数较大的单容过程，采用比例调节时根本不可能出现等幅振荡，也就不能应用此法。一般此法适用于二阶及以上系统。

**三、衰减曲线法**

它是针对经验试凑法和临界比例度法的不足，在此基础上经过反复实验而得出的一种参数整定方法。其整定步骤如下：

1. 置调节器积分时间 $T_I=\infty$，微分时间 $T_D=0$，比例带 $\delta$ 置于较大的值，将系统投入运行。

2. 待系统工作稳定后，对设定值作阶跃扰动，然后观察系统的响应。若响应振荡衰减太快，就减小比例带；反之，则增大比例带。如此反复，直到出现如图 4-2 所示的衰减比为 4∶1 的振荡过程时，记录此时的 $\delta$ 值（设为 $\delta_S$），以及 $T_S$ 的值（如图 0-2 中所示）。当采用衰减比为 10∶1 振荡过程时，应用上升时间 $T_r$ 替代振荡周期 $T_S$ 计算。

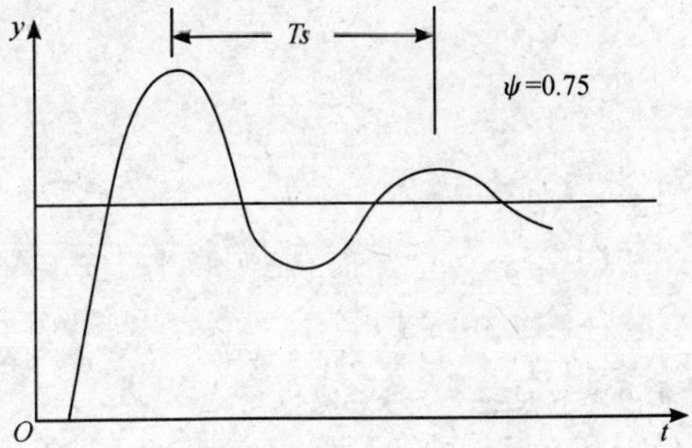


**图 0-2　系统衰减振荡曲线**

图中，$T_S$ 为衰减振荡周期，$T_r$ 为响应上升时间。

3. 据表 0-3 中所给的经验公式计算 $\delta$、$T_I$ 及 $T_D$ 的参数。

**表 0-3 衰减曲线法整定计算公式**

| 衰减率 $\psi$ | 整定参数 / 调节规律 | $\delta$ | $T_I$ | $T_D$ |
|---|---|---|---|---|
| 0.75 | $P$ | $\delta_S$ | | |
| | $PI$ | $1.2\delta_S$ | $0.5T_S$ | |
| | $PID$ | $0.8\delta_S$ | $0.3T_S$ | $0.1T_S$ |
| 0.9 | $P$ | $\delta_S$ | | |
| | $PI$ | $1.2\delta_S$ | $2T_r$ | |
| | $PID$ | $0.8\delta_S$ | $1.2T_r$ | $0.4T_r$ |

衰减曲线对多数过程都适用，该方法的缺点是较难确定 4∶1 的衰减程度，从而较难得到准确的 $\delta$、$T_I$ 及 $T_D$ 的值。

经过控制系统设计、仪表调校、参数调整，接下去的工作是控制系统投运。也就是将工艺生产从手操状态切入自动控制状态。

控制系统投运前应作好如下的准备工作：

1. 详细了解工艺，对投运中可能出现的问题有所估计。

2. 吃透控制系统的设计意图。

3. 在现场，通过简单的操作对有关仪表（包括控制阀）的功能作出是否可靠且性能是否基本良好的判断。

4. 设置好调节器正反作用和 $P$、$I$、$D$ 参数。

5. 按无扰动切换（手动、自动切换时阀上信号基本不变）的要求将控制器切入自动。

# 实验一(1) 基于调节器的压力单闭环控制系统

## 一、实验目的

1. 掌握压力单闭环回路控制系统的构成。
2. 掌握用阶跃响应曲线法来求取控制系统数学模型。
3. 用衰减曲线法整定单回路控制系统的 PID 参数。
4. 熟悉 PID 参数对控制系统质量指标的影响。
5. 掌握变频器的使用。
6. 掌握调节器的参数设置和手动、自动功能的使用方法。

## 二、实验设备

水泵Ⅰ、变频器、压力变送器、调节器(708 型)、主回路调节阀、调节器(818 型)。

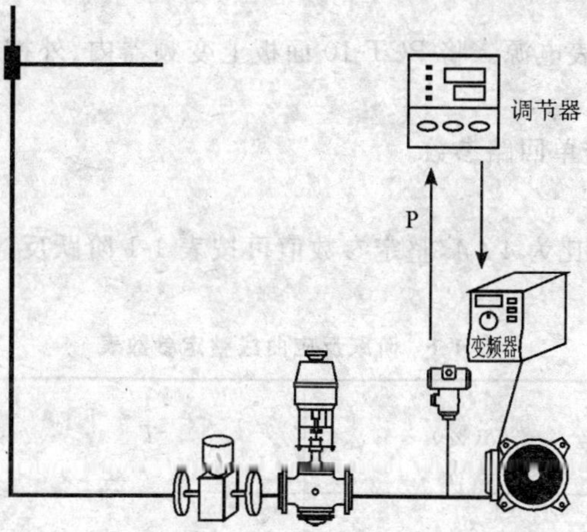


**图 1-1-a 压力单闭环实验流程图**

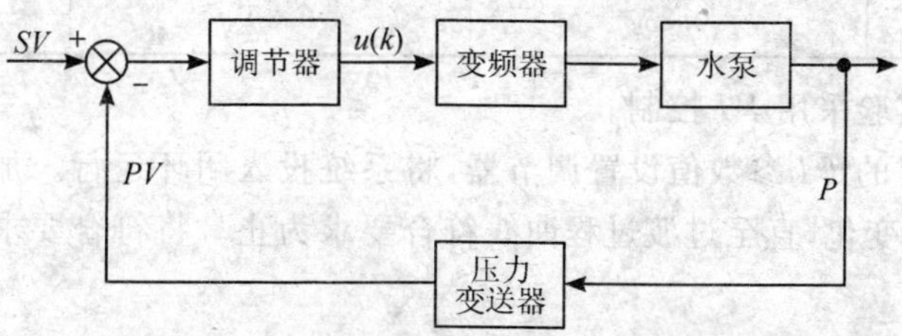


**图 1-1-b 调节器控制压力单闭环控制系统的框图**

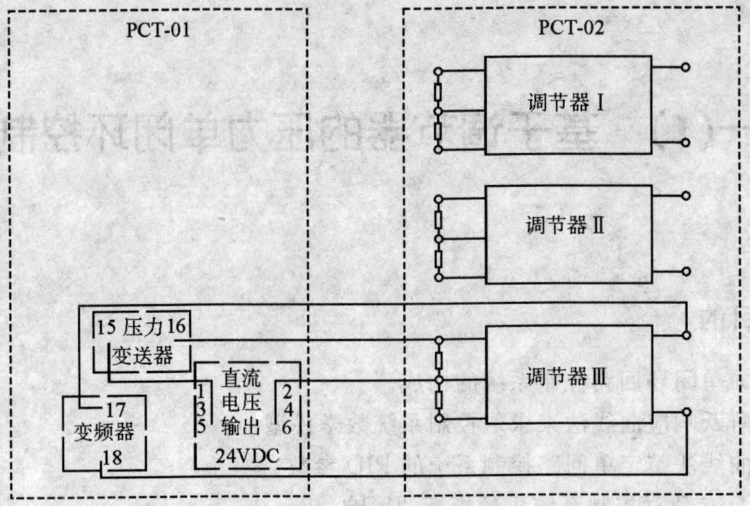


图 1-1-c 调节器控制压力单回路(调节器接线)

## 三、实验说明及操作步骤

1. 将压力单闭环实验所用的设备,参照流程图(图 1-1-a)和系统框图(图 1-1-b)接好线路,将上水箱进水电磁阀 V3、上水箱排水电磁阀 V9 打开,并将中水箱手动排水阀打开,以形成流量回路。

2. 接通总电源,各仪表电源。将 PCT-10 面板上变频器内、外控制开关掷到外控端,使变频器处于外部控制状态。

3. 按衰减曲线法整定单回路参数。

4. 整定参数值的计算。

设定过渡过程的衰减比为 4∶1,整定参数值可按表 1-1 阶跃反应曲线整定参数表进行计算。

表 1-1 阶跃反应曲线整定参数表

| 调节规律 \ 整定参数 | $\delta$(%) | $T_I$ | $T_D$ |
|---|---|---|---|
| $P$ | $\delta_S$ | | |
| $PI$ | $1.2\delta_S$ | $0.5T_S$ | |
| $PID$ | $0.8\delta_S$ | $0.3T_S$ | $0.1T_S$ |

5. 压力单闭环实验采用 $PI$ 控制。

6. 根据计算所得的 $PI$ 参数值设置调节器,将系统投入闭环运行。加入扰动信号观察并手动记录各被测量的变化,直至过渡过程曲线符合要求为止。将符合要求的曲线的几个测量值记录在表 1-2 中。

7. 重复步骤 6。

8. 曲线的分析处理,对实验的记录曲线分别进行分析和处理,处理结果记录于表 1-3。

表 1-2 阶跃响应曲线数据记录表

| PV t/s SV | | | | | | |
|---|---|---|---|---|---|---|
| 阶跃 1 | | | | | | |
| 阶跃 2 | | | | | | |

表 1-3 阶跃响应曲线数据处理记录表

| 参数值 测量情况 | 压力特性测试的参数 | | |
|---|---|---|---|
| | *K* | *Ts* 调节时间 | $\tau$/超调量 |
| 阶跃 1 | | | |
| 阶跃 2 | | | |
| 平均值 | | | |

## 四、调节器的参数设置

本参数适用于上海万迅仪表有限公司的 AI708 型、AI818 型。

本实验所采用的 AI708 型，需要设置的参数如下(本表未列出者一般不做改动，采用出厂默认值)：

| 参数名 | 参数值 | 说明 | 参数名 | 参数值 | 说明 |
|---|---|---|---|---|---|
| *M*5 | 10 | 类似积分时间 | *diH* | 100 | 输入上限显示值 |
| *P* | 6 | 类似比例度 | *Sc* | 0 | 输入的平移修正为零 |
| *T* | 1 | 上升时间 | *oP*1 | 4 | 4～20 mA 电流输出 |
| *Sn* | 33 | 定值控制 | *CF* | 2 | 上电、值修改免除报警 |
| *diP* | 0 | 小数点位数为 0 | *run* | 2 | 自动控制 |
| *diL* | 0 | 输入下限显示值 | *Loc* | 808 | 可设定全部参数 |
| *ctrl* | 3 | 智能调节，不能自整定 | *sv* | | 给定值 45～50 kp |

参数的具体说明请详细阅读调节器使用手册。

## 五、实验报告

根据试验结果编写实验报告，并根据 $K$、$T$、$\tau$ 平均值写出广义的传递函数。

并回答下面问题：

(1)、压力单闭环实验为什么只用 PI 控制就可以达到很好的控制效果？若采用 PID 控制，结果会怎样？

(2)PID 各参数对系统性能有何影响？

(3)本系统的压力变送器采用的信号制为两线制，它与三线制、四线制有何不同？

# 实验一(2) 基于计算机的压力单闭环控制系统

## 一、实验目的

1. 掌握压力单闭环回路控制系统的构成。
2. 掌握用阶跃响应曲线法来求取控制系统数学模型。
3. 用衰减曲线法整定单回路控制系统的 PID 参数。
4. 熟悉 PID 参数对控制系统质量指标的影响。
5. 掌握工业组态软件的使用。

## 二、实验设备

水泵Ⅰ、变频器、压力变送器、主回路调节阀、牛顿模块(输入、输出)。

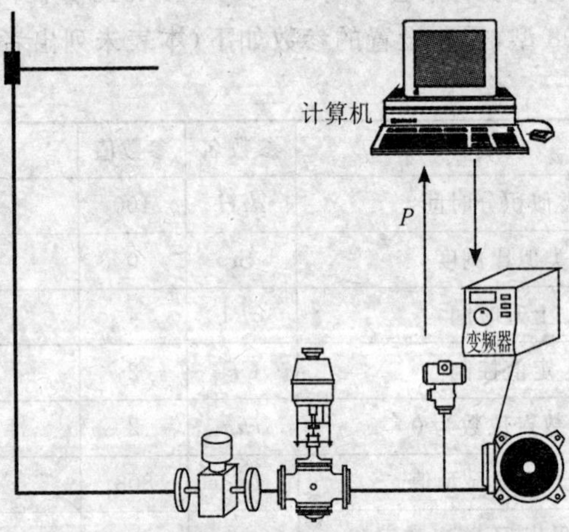


图 1-2-a 压力单闭环实验(计算机控制)流程图

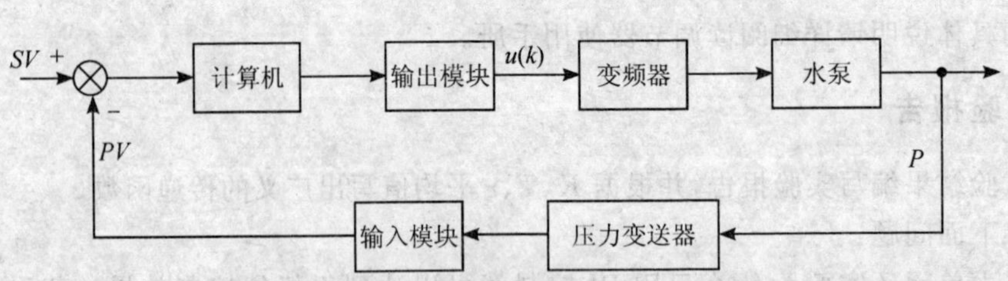


图 1-2-b 压力单闭环实验(计算机控制)框图

## 三、实验说明及操作步骤

1. 将压力单闭环实验所用的设备,参照流程图(图 1-2-a)和系统框图(图 1-2-b)接好实验线路。

2. 接通总电源，各仪表电源。将 PCT－01 面板上变频器内、外控制开关掷到外控端，使变频器处于外部控制状态。

3. 按衰减曲线法整定单回路参数。

4. 设定参数值的计算。

设定过渡过程的衰减比为 4∶1，整定参数值可按表 1-4“阶跃响应曲线整定参数表”进行计算。

**表 1-4　阶跃响应曲线整定参数表**

| 调节规律＼整定参数 | $\delta$(%) | $T_I$ | $T_D$ |
|---|---|---|---|
| $P$ | $\delta_S$ | | |
| $PI$ | $1.2\delta_S$ | $0.5T_S$ | |
| $PID$ | $0.8\delta_S$ | $0.3T_S$ | $0.1T_S$ |

5. 该闭环系统采用 $PI$ 控制

6. 将计算所得的 $PI$ 参数值置于计算机中，系统投入闭环运行。加入扰动信号(扰动值一般为给定值的 5%～15%左右)，观察各被测量的变化，直至过渡过程曲线符合要求为止。

7. 曲线的分析处理，对实验的记录曲线分别进行分析和处理，处理结果记录于表 1-5。

**表 1-5　阶跃响应曲线数据处理记录表**

| 测量情况＼参数值 | 压力特性测试的参数 | | |
|---|---|---|---|
| | $K$ | $T$ | $\tau$ |
| 阶跃 1 | | | |
| 阶跃 2 | | | |
| 平均值 | | | |

## 四、计算机控制的参数设置(供参考)

| 参数名 | 参数值 | 说　　明 |
|---|---|---|
| $K_P$ | 4 | 比例增益 |
| $T_I$ | 8 | 积分时间(秒) |
| $T_D$ | 0 | 微分时间(秒) |
| $SP$ | | 设定值 |
| $u(k)$ | | 输出值(0～1 000) |
| $PV$ | | 过程值 |

## 五、实验报告

根据试验结果编写实验报告，并根据 $K$、$T$、$\tau$ 平均值写出广义的传递函数。

并回答下面问题：

(1)压力单闭环实验为什么只用 PI 控制就可以达到很好的控制效果？若采用 PID 控制，结果会怎样？

(2)PID 各参数对系统性能有何影响？

(3)本系统的压力变送器采用的信号制为两线制，它与三线制、四线制有何不同？

# 实验二(1)　基于调节器的液位单闭环控制系统

## 一、实验目的

1. 掌握液位单闭环回路控制系统的构成。
2. 掌握用阶跃响应曲线法来求取控制系统数学模型。
3. 用衰减曲线法整定单回路控制系统的 PID 参数。
4. 熟悉 PID 参数对控制系统质量指标的影响。

## 二、实验设备

水泵Ⅰ、变频器、压力变送器、调节器(708 型)、主回路调节阀、上水箱(或中水箱)、液位变送器、调节器(818 型)。

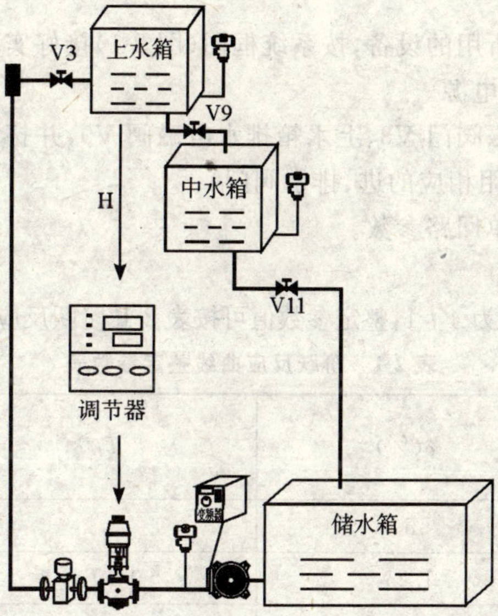


图 2-1-a　上水箱单闭环实验(调节器控制)流程图

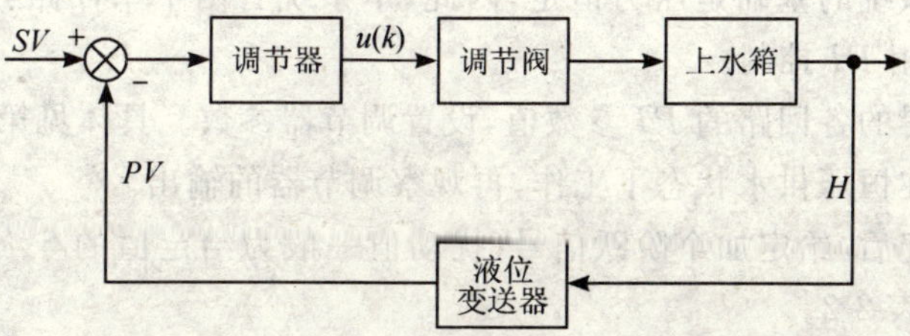


图 2-1-b　上水箱单闭环实验(调节器控制)框图

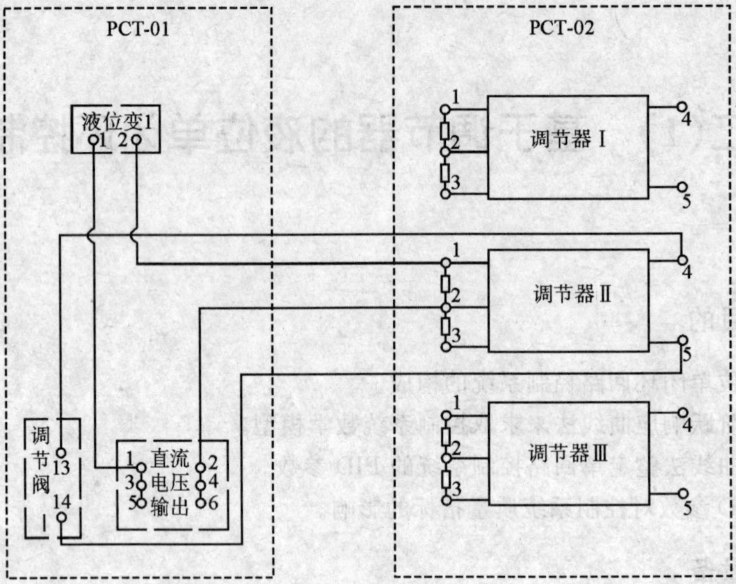


图 2-1-c 液位单回路(调节器接线)

## 三、实验说明及操作步骤

1. 将液位单闭环实验所用的设备,按系统框图(图 2-1)接好实验线路。

2. 接通总电源,各仪表电源。

3. 打开上水箱进水电磁阀门 V3、上水箱排水电磁阀 V9,并打开中水箱排水阀,其余阀门关闭。(如选用下水箱应选用相应的进、排水阀门)。

4. 按衰减曲线法整定单回路参数。

5. 整定参数值的计算。

设定过渡过程的衰减比为 4∶1,整定参数值可按表 2-1"阶跃反应曲线整定参数表"进行计算。

表 2-1 阶跃反应曲线整定参数表

| 调节规律 \ 整定参数 | $\delta(\%)$ | $T_I$ | $T_D$ |
|---|---|---|---|
| $P$ | $\delta_S$ | | |
| $PI$ | $1.2\delta_S$ | $0.5T_S$ | |
| $PID$ | $0.8\delta_S$ | $0.3T_S$ | $0.1T_S$ |

6. 液位单闭环系统的基础是压力恒定,因此,本系统有两个单回路:液位单闭环、压力单闭环,且两回路均采用 $PI$ 控制。

7. 根据计算所得的各回路的 $PI$ 参数值,设置调节器参数。具体见第四部分。

8. 保证水泵Ⅰ在恒压供水状态下工作,再观察调节器的输出。

9. 先待系统稳定后,给定加个阶跃信号(扰动值一般为给定值的 5%~15%左右)观察调节器输出,并记录在表 2-2。

10. 再等系统稳定后,给系统加个干扰信号(扰动值一般为给定值的 5%~15%左右),观察调节器输出,并记录在表 2-2。

11. 曲线的分析处理，对实验的记录曲线分别进行分析和处理，处理结果记录于表格 2-3。

**表 2-2　阶跃响应曲线数据记录表**

| PV / SV　t/s | | | | | | |
|---|---|---|---|---|---|---|
| 阶跃 1 | | | | | | |
| 阶跃 2 | | | | | | |

**表 2-3　阶跃响应曲线数据处理记录表**

| 参数值 / 测量情况 | 特性测试的参数 | | |
|---|---|---|---|
| | $K$ | $T$ | $\tau$ |
| 阶跃 1 | | | |
| 阶跃 2 | | | |
| 平均值 | | | |

## 四、调节器的参数设置

本参数适用于上海万迅仪表有限公司的 AI708 型、AI818 型。

本实验所采用的 AI708 型、AI818 型，需要设置的参数如下(本表未列出者一般不做改动，采用出厂默认值)：

**压力单闭环调节器 AI708 参数设置**

| 参数名 | 参数值 | 说明 | 参数名 | 参数值 | 说明 |
|---|---|---|---|---|---|
| *M*5 | 10 | 保持参数 | *dIL* | 0 | 输入下限显示值 |
| *P* | 6 | 速率参数 | *dIH* | 100 | 输入上限显示值 |
| *t* | 1 | 滞后时间 | *Sc* | 0 | 主输入平移 |
| *Ctl* | 5 | 输出周期(秒) | *oP*1 | 4 | 输出方式 |
| *Sn* | 33 | 输入规格 | *CF* | 2 | 系统功能选择 |
| *dIP* | 0 | 小数点位数 | *run* | 2 | 运行状态 |

**液位单闭环调节器 AI818 参数设置**

| 参数名 | 参数值 | 说明 | 参数名 | 参数值 | 说明 |
|---|---|---|---|---|---|
| *dF* | 3 | 回差 | *dIL* | 0 | 输入下限显示值 |
| *P* | 40 | 比例带 | *dIH* | 400 | 输入上限显示值 |
| *I* | 100 | 积分时间(秒) | *Sc* | 0 | 主输入平移 |
| *d* | 0 | 微分时间(秒) | *oP*1 | 4 | 输出方式 |
| *Sn* | 33 | 输入规格 | *CF* | 2 | 系统功能选择 |
| *diP* | 0 | 小数点位数 | *run* | 2 | 运行状态 |

需要设置的参数和其他参数如上所示，AI808 参数设置中的 PI 参数为参考值。

## 五、实验报告

根据试验结果编写实验报告，并根据 $K$、$T$、$\tau$ 平均值写出广义的传递函数。

并回答下面问题：

(1)为什么压力计可以测液位？其原理是什么？

# 实验二(2)　基于计算机的液位单闭环控制系统

## 一、实验目的

1. 掌握液位单闭环回路控制系统的构成。
2. 掌握用阶跃响应曲线法来求取控制系统数学模型。
3. 用衰减曲线法整定单回路控制系统的 PID 参数。
4. 熟悉 PID 参数对控制系统质量指标的影响。
5. 掌握工业组态软件的使用。

## 二、实验设备

水泵Ⅰ、变频器、压力变送器、主回路调节阀、上水箱、上水箱液位变送器、牛顿模块(输入、输出)。

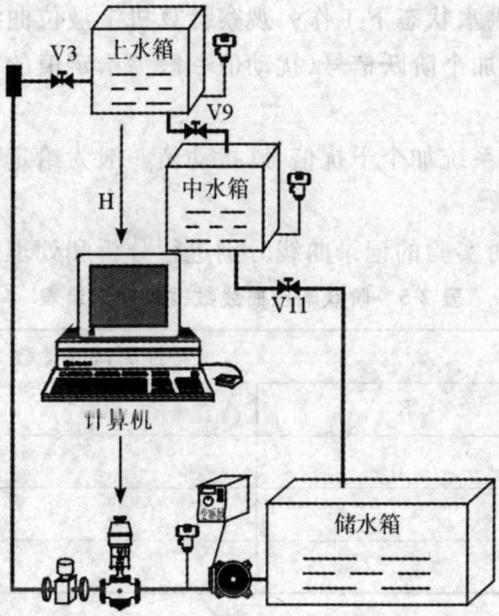


图 2-2-a　上水箱液位闭环实验(计算机控制)流程图

## 三、实验说明及操作步骤

1. 将液位单闭环实验所用的设备,按系统框图(图 2-2)接好实验线路。
2. 接通总电源,各仪表电源。
3. 按衰减曲线法整定单回路参数。
4. 整定参数值的计算。

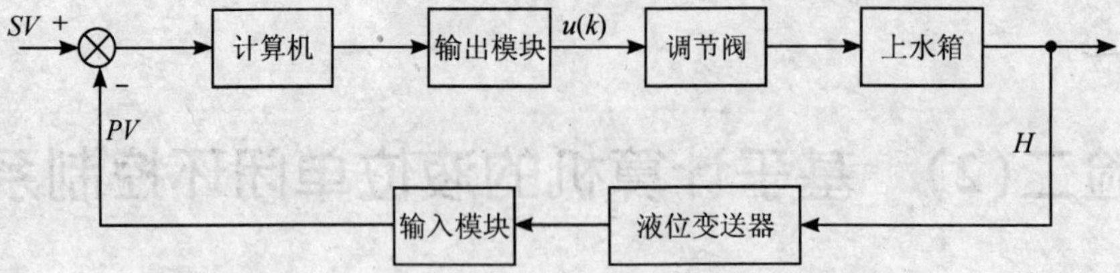


**图 2-2-b 上水箱液位闭环实验(计算机控制)框图**

设定过渡过程的衰减比为 4∶1,参数值可根据表 2-4 阶跃反应曲线整定参数表。

**表 2-4 阶跃反应曲线整定参数表**

| 调节规律 \ 整定参数 | $\delta$(%) | $T_I$ | $T_D$ |
|---|---|---|---|
| $P$ | $\delta_S$ | | |
| $PI$ | $1.2\delta_S$ | $0.5T_S$ | |
| $PID$ | $0.8\delta_S$ | $0.3T_S$ | $0.1T_S$ |

5. 液位单闭环系统的基础是压力恒定,因此,本系统有两个单回路:液位单闭环、压力单闭环,且两个回路均为 $PI$ 控制。

6. 将各回路计算所得的 $PI$ 参数值置于计算机中,具体见第四部分。

7. 保证水泵Ⅰ在恒压供水状态下工作。观察计算机上液位曲线的变化。

8. 待系统稳定后,给定加个阶跃信号(扰动值一般为给定值的 5%~15%左右),观察其液位变化曲线。

9. 再等系统稳定后,给系统加个干扰信号(扰动值一般为给定值的 5%~15%左右),观察液位变化曲线。

10. 曲线的分析处理,对实验的记录曲线分别进行分析和处理,处理结果于表 2-5 中。

**表 2-5 阶跃响应曲线数据处理记录表**

| 测量情况 \ 参数值 | 特性测试的参数 | | |
|---|---|---|---|
| | $K$ | $T$ | $\tau$ |
| 阶跃 1 | | | |
| 阶跃 2 | | | |
| 平均值 | | | |

## 四、计算机控制的参数设置

需要设置的参数和其他参数如下表所示,供参考。

**流量单闭环调节器参数设置**

| 参数名 | 参数值 | 说明 |
|---|---|---|
| $K_P$ | 9 | 比例增益 |
| $T_I$ | 30 | 积分时间(秒) |

续表

| 参数名 | 参数值 | 说明 |
| --- | --- | --- |
| $T_D$ | 0 | 微分时间(秒) |
| $SP$ | | 设定值 |
| $u(k)$ | | 输出值(0～1 000) |
| $PV$ | | 过程值 |

压力单闭环调节器参数设置

| 参数名 | 参数值 | 说明 |
| --- | --- | --- |
| $K_P$ | 4 | 比例增益 |
| $T_I$ | 8 | 积分时间(秒) |
| $T_D$ | 0 | 微分时间(秒) |
| $SP$ | | 设定值 |
| $u(k)$ | | 输出值(0～1 000) |
| $PV$ | | 过程值 |

## 五、实验报告

根据试验结果编写实验报告，并根据 $K$、$T$、$\tau$ 平均值写出广义的传递函数。

# 实验三(1) 基于调节器的流量单闭环控制系统

## 一、实验目的

1. 掌握流量单闭环回路控制系统的构成。
2. 掌握用阶跃响应曲线法来求取控制系统数学模型。
3. 用衰减曲线法整定单回路控制系统的 PID 参数。
4. 熟悉 PID 参数对控制系统质量指标的影响。

## 二、实验设备

水泵Ⅰ、压力变送器、变频器、调节器(708 型)、主回路调节阀、主回路流量计、主回路流量变送器、调节器(818 型)。

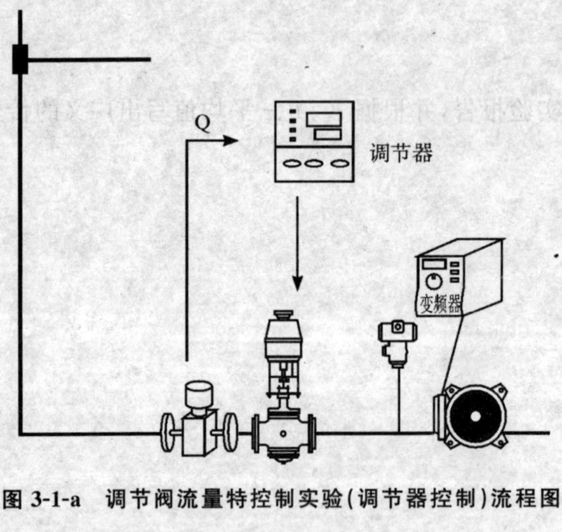


图 3-1-a 调节阀流量特控制实验(调节器控制)流程图

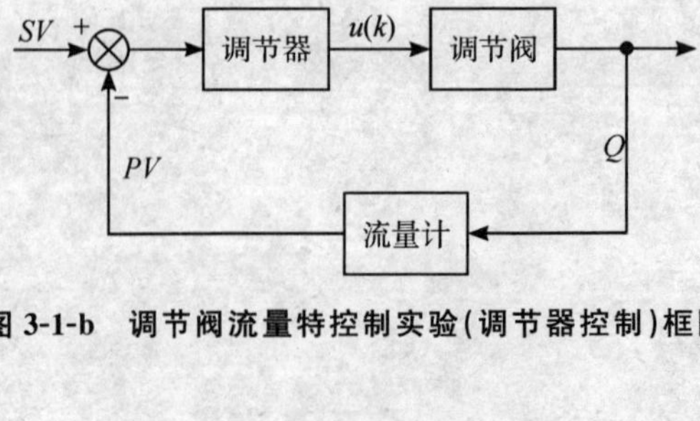


图 3-1-b 调节阀流量特控制实验(调节器控制)框图

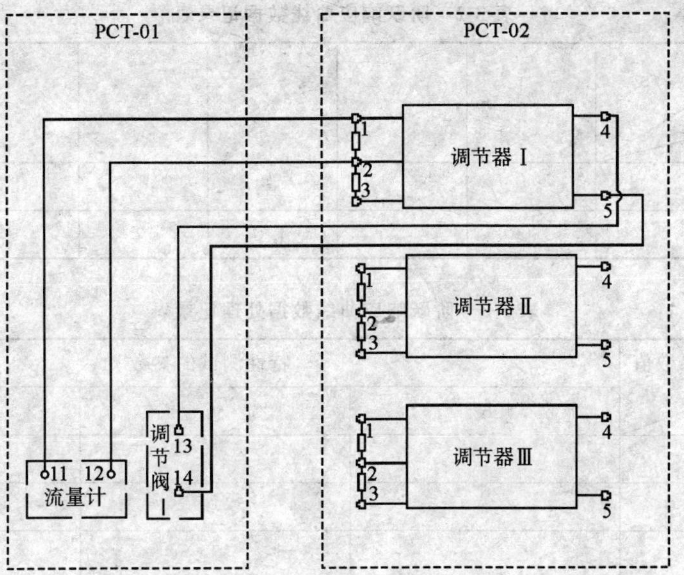


图 3-1-c 流量单回路(调节器接线)

## 三、实验说明及操作步骤

1. 将流量单闭环实验所用的设备,参照流程图(图 3-1-a)和系统框图(图 3-1-b)接好实验线路。

2. 接通总电源,各仪表电源。

3. 在三个液位水箱中任选一路,打开对应的进水电磁阀门和它的排水阀,其余阀门关闭。

4. 按衰减曲线法整定单回路参数。

5. 整定参数值的计算。

设定过渡过程的衰减比为 4∶1,整定参数值可按表 3-1"阶跃反应曲线整定参数表"进行计算。

表 3-1 阶跃反应曲线整定参数表

| 整定参数 / 调节规律 | $\delta(\%)$ | $T_I$ | $T_D$ |
|---|---|---|---|
| $P$ | $\delta_S$ | | |
| $PI$ | $1.2\delta_S$ | $0.5T_S$ | |
| $PID$ | $0.8\delta_S$ | $0.3T_S$ | $0.1T_S$ |

6. 流量单闭环系统的基础是压力恒定,因此,本系统有两个单回路:流量单闭环、压力单闭环,且两回路均采用 $PI$ 控制。

7. 将各回路计算所得的 $PI$ 参数值置于控制器中,具体见第四部分。

8. 保证水泵Ⅰ在恒压供水状态下工作,观察调节器的输出。

9. 待系统稳定后,给定加个阶跃信号(扰动值一般为给定值的 5%～15%左右)观察调节器输出,并记录在表 3-2。

10. 再等系统稳定后,给系统加个干扰信号(扰动值一般为给定值的 5%～15%左右),观察调节器输出,并记录在表 3-2。

11. 曲线的分析处理,对实验的记录曲线分别进行分析和处理,处理结果记录于表 3-3。

表 3-2 阶跃响应曲线数据记录表

| PV \ t/s<br>SV | | | | | | |
|---|---|---|---|---|---|---|
| 阶跃 1 | | | | | | |
| 阶跃 2 | | | | | | |

表 3-3 阶跃响应曲线数据处理记录表

| 参数值<br>测量情况 | 特性测试的参数 | | |
|---|---|---|---|
| | $K$ | $T$ | $\tau$ |
| 阶跃 1 | | | |
| 阶跃 2 | | | |
| 平均值 | | | |

## 四、调节器的参数设置

本参数适用于上海万迅仪表有限公司的 AI708 型、AI818 型。

本实验所采用的 AI708 型、AI818 型，需要设置的参数如下(本表未列出者一般不做改动，采用出厂默认值)，*PI* 为参考值。

**AI708 参数设置**

| 参数名 | 参数值 | 说明 | 参数名 | 参数值 | 说明 |
|---|---|---|---|---|---|
| *M*5 | 10 | 保持参数 | *dIL* | 0 | 输入下限显示值 |
| *P* | 6 | 速率参数 | *dIH* | 100 | 输入上限显示值 |
| *t* | 1 | 滞后时间 | *Sc* | 0 | 主输入平移 |
| *Ctl* | 5 | 输出周期(秒) | *oP*1 | 4 | 输出方式 |
| *Sn* | 33 | 输入规格 | *CF* | 2 | 系统功能选择 |
| *dIP* | 0 | 小数点位数 | *run* | 2 | 运行状态 |

**AI818 参数设置**

| 参数名 | 参数值 | 说明 | 参数名 | 参数值 | 说明 |
|---|---|---|---|---|---|
| *dF* | 3 | 回差 | *dIL* | 0 | 输入下限显示值 |
| *P* | 200 | 比例带 | *dIH* | 100 | 输入上限显示值 |
| *I* | 10 | 积分时间(秒) | *Sc* | 0 | 主输入平移 |
| *d* | 0 | 微分时间(秒) | *oP*1 | 4 | 输出方式 |
| *ctl* | 1 | 输出周期 | *Cr* | 10 | |
| *Sn* | 33 | 输入规格 | *CF* | 2 | 系统功能选择 |
| *diP* | 0 | 小数点位数 | *run* | 2 | 运行状态 |

## 五、实验报告

根据试验结果编写实验报告，并根据 $K$、$T$、$\tau$ 平均值写出广义的传递函数。

问题：

设想如何产生流量扰动，还需加入其他什么设备，什么方法？

# 实验三(2) 基于计算机的流量单闭环控制系统

## 一、实验目的

1. 掌握流量单闭环回路控制系统的构成。
2. 掌握用阶跃响应曲线法来求取控制系统数学模型。
3. 用衰减曲线法整定单回路控制系统的 PID 参数。
4. 熟悉 PID 参数对控制系统质量指标的影响。
5. 掌握工业组态软件的使用。

## 二、实验设备

水泵Ⅰ、压力变送器、变频器、主回路调节阀、主回路流量计、主回路流量变送器、牛顿模块(输入、输出)。

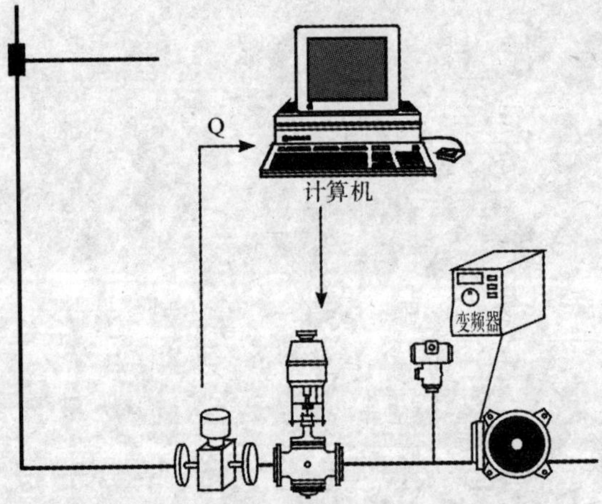


图 3-2-a 调节阀流量特控制实验(计算机控制)流程图

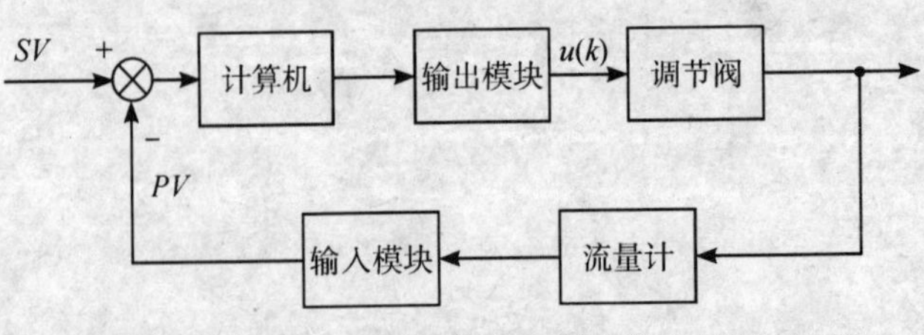


图 3-2-b 调节阀流量特控制实验(计算机控制)框图

## 三、实验说明及操作步骤

1. 按所用设备和系统框图(图 3-2)接好实验导线。

2. 接通总电源,各仪表电源。

3. 按衰减曲线法整定单回路参数。

4. 整定参数值的计算。

设定过渡过程的衰减比为 4∶1,参数值可根据表 3-4"阶跃反应曲线整定参数表"整定。

**表 3-4 阶跃反应曲线整定参数表**

| 调节规律 \ 整定参数 | $\delta(\%)$ | $T_I$ | $T_D$ |
|---|---|---|---|
| $P$ | $\delta_S$ | | |
| $PI$ | $1.2\delta_S$ | $0.5T_S$ | |
| $PID$ | $0.8\delta_S$ | $0.3T_S$ | $0.1T_S$ |

5. 流量单闭环系统的基础是压力恒定,因此,本系统有两个单回路:液位单闭环、压力单闭环,且均采用 $PI$ 控制。

6. 根据各回路计算所得的 $PID$ 参数值,设置参数,具体见第四部分。

7. 保证水泵Ⅰ在恒压供水状态下工作,观察计算机流量曲线的变化。

8. 待系统稳定后,给定值($SP$)加个阶跃信号(扰动值一般为给定值的 5%～15%左右),观察其流量变化曲线。

9. 再等系统稳定后,给系统加个干扰信号(扰动值一般为给定值的 5%～15%左右),即改变泵的出口压力(参考方法,打开副回路调节阀),观流量变化曲线。

10. 曲线的分析处理,对实验的记录曲线分别进行分析和处理,处理结果记录于表 3-5。

**表 3-5 阶跃响应曲线数据处理记录表**

| 测量情况 \ 参数值 | 特性测试的参数 | | |
|---|---|---|---|
| | $K$ | $T$ | $\tau$ |
| 阶跃 1 | | | |
| 阶跃 2 | | | |
| 平均值 | | | |

## 四、计算机控制的参数设置(参数设置供参考)

**流量单闭环调节器参数设置**

| 参数名 | 参数值 | 说明 |
|---|---|---|
| $K_P$ | 5 | 比例增益 |
| $T_I$ | 20 | 积分时间(秒) |
| $T_D$ | 0 | 微分时间(秒) |
| $SP$ | | 设定值 |
| $u(k)$ | | 输出值(0～1 000) |
| $PV$ | | 过程值 |

压力单闭环调节器参数设置

| 参数名 | 参数值 | 说明 |
| --- | --- | --- |
| $K_P$ | 4 | 比例增益 |
| $T_I$ | 8 | 积分时间(秒) |
| $T_D$ | 0 | 微分时间(秒) |
| $SP$ | | 设定值 |
| $u(k)$ | | 输出值(0～1 000) |
| $PV$ | | 过程值 |

## 五、实验报告

根据试验结果编写实验报告，并根据 $K$、$T$、$\tau$ 平均值写出广义的传递函数。

# 实验四(1) 基于调节器的温度单闭环控制系统

## 一、实验目的

1. 掌握温度单闭环回路控制系统的构成。
2. 掌握用阶跃响应曲线法来求取控制系统数学模型。
3. 用衰减曲线法整定单回路控制系统的 PID 参数。
4. 熟悉 PID 参数对控制系统质量指标的影响。

## 二、实验设备

水泵Ⅰ、变频器、压力变送器、调节器(708 型)、主回路调节阀、副回路调节阀、可控硅、热电阻、温度变送器、调节器(818 型)。

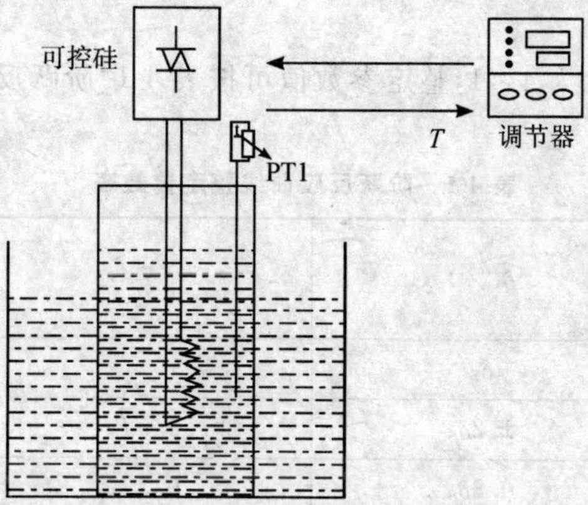


**图 4-1-a 温度单闭环实验(调节器控制)流程图**

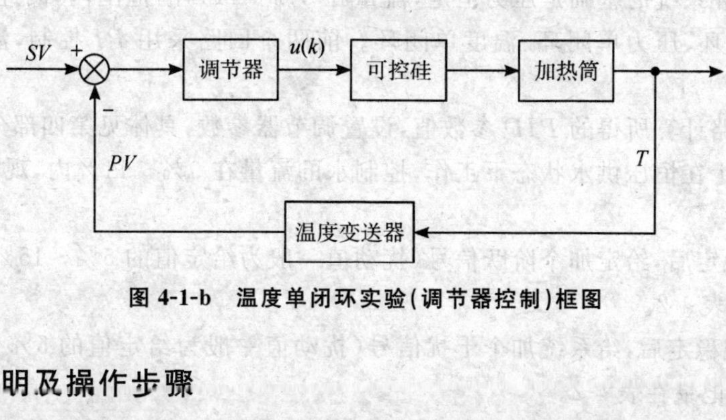


**图 4-1-b 温度单闭环实验(调节器控制)框图**

## 三、实验说明及操作步骤

1. 将温度单闭环实验所用的设备,按系统框图(图 4-1)接好实验线路。
2. 接通总电源,打开电磁阀 V1,将加热圆筒内注满水。

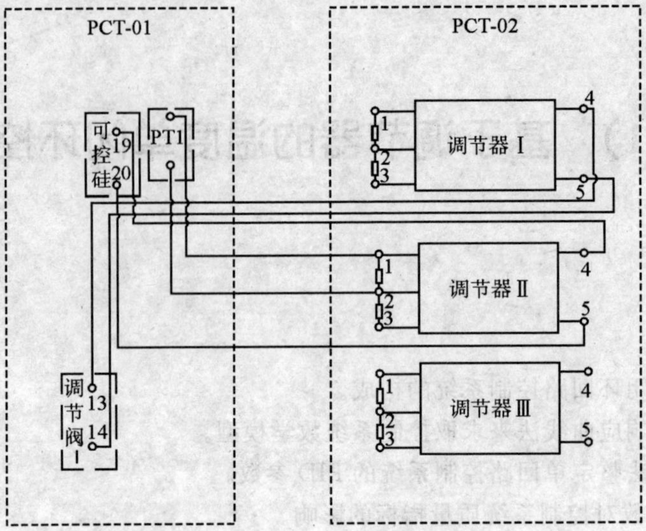


图 4-1-c　温度单闭环(调节器接线)

3. 将电磁阀 V1 打开,使约 9%～11%流量的水始终流入加热器内筒,用于加热器散热。

4. 确认加热器内筒有水,且接线无误,打开加热器电源。

5. 按衰减曲线法整定单回路参数。

6. 整定参数值的计算。

设定过渡过程的衰减比为 4∶1,整定参数值可按表 4-1"阶跃反应曲线整定参数表"进行计算。

表 4-1　阶跃反应曲线整定参数表

| 调节规律 \ 整定参数 | δ(%) | $T_I$ | $T_D$ |
| --- | --- | --- | --- |
| $P$ | $\delta_S$ | | |
| $PI$ | $1.2\delta_S$ | $0.5T_S$ | |
| $PID$ | $0.8\delta_S$ | $0.3T_S$ | $0.1T_S$ |

7. 温度单闭环系统的基础是压力恒定,流量在 9%～11%的范围内,因此,本系统有三个单回路:液位单闭环、压力单闭环、温度单闭环。前两个回路采用 $PI$ 控制,温度单闭环采用 $PID$ 控制。

8. 根据各回路计算所得的 $PID$ 参数值,设置调节器参数,具体见第四部分。

9. 保证水泵Ⅰ在恒压供水状态下工作,控制水的流量在 9%～11%内,观察相应的温度调节器的输出。

10. 待系统稳定后,给定加个阶跃信号(扰动值一般为给定值的 5%～15%左右)观察调节器输出,并记录在表 4-2。

11. 再等系统稳定后,给系统加个干扰信号(扰动值一般为给定值的 5%～15%左右),观察调节器输出,并记录在表 4-2。

12. 曲线的分析处理,对实验的记录曲线分别进行分析和处理,处理结果记录于表 4-3。

**表 4-2　阶跃响应曲线数据记录表**

| PV　　t/s<br>SV | | | | | | |
|---|---|---|---|---|---|---|
| 阶跃 1 | | | | | | |
| 阶跃 2 | | | | | | |

**表 4-3　阶跃响应曲线数据处理记录表**

| 参数值<br>测量情况 | 特性测试的参数 | | |
|---|---|---|---|
| | $K$ | $T$ | $\tau$ |
| 阶跃 1 | | | |
| 阶跃 2 | | | |
| 平均值 | | | |

## 四、调节器的参数设置

本参数适用于上海万迅仪表有限公司的 AI708 型、AI818 型。

本实验的温度单闭环控制系统采用了三个调节器。

**恒压供水调节器 AI708 参数设置(*M*5、*P*、*t* 参数设置供参考)**

| 参数名 | 参数值 | 说明 | 参数名 | 参数值 | 说明 |
|---|---|---|---|---|---|
| *M*5 | 10 | 保持参数 | *dIL* | 0 | 输入下限显示值 |
| *P* | 6 | 速率参数 | *dIII* | 100 | 输入上限显示值 |
| *t* | 1 | 滞后时间 | *Sc* | 0 | 主输入平移 |
| *Ctl* | 5 | 输出周期(秒) | *oP*1 | 4 | 输出方式 |
| *Sn* | 33 | 输入规格 | *CF* | 2 | 系统功能选择 |
| *dIP* | 0 | 小数点位数 | *run* | 2 | 运行状态 |

给定值建议为 45～50。

**流量单回路调节器 AI708 参数设置(*M*5、*P*、*t* 参数设置供参考)**

| 参数名 | 参数值 | 说明 | 参数名 | 参数值 | 说明 |
|---|---|---|---|---|---|
| *M*5 | 60 | 保持参数 | *dIL* | 0 | 输入下限显示值 |
| *P* | 20 | 速率参数 | *dIH* | 100 | 输入上限显示值 |
| *t* | 25 | 滞后时间 | *Sc* | 0 | 主输入平移 |
| *Ctl* | 5 | 输出周期(秒) | *oP*1 | 4 | 输出方式 |
| *Sn* | 33 | 输入规格 | *CF* | 2 | 系统功能选择 |
| *dIP* | 0 | 小数点位数 | *run* | 2 | 运行状态 |

给定值建议为 9%～11%。

**温度单回路调节器 AI818 参数设置($P$、$I$、$D$ 参数设置供参考)**

| 参数名 | 参数值 | | 参数名 | 参数值 | 说明 |
|---|---|---|---|---|---|
| $dF$ | 3 | 回差 | $dIL$ | 0 | 输入下限显示值 |
| $P$ | 15 | 比例带 | $dIH$ | 100 | 输入上限显示值 |
| $I$ | 63 | 积分时间(秒) | $Sc$ | 0 | 主输入平移 |
| $d$ | 10 | 微分时间(秒) | $oP1$ | 4 | 输出方式 |
| $ctl$ | 1 | 输出周期 | $Cr$ | 10 | |
| $Sn$ | 33 | 输入规格 | $CF$ | 2 | 系统功能选择 |
| $diP$ | 0 | 小数点位数 | $run$ | 2 | 运行状态 |

调节器的参数设置如上，表未列出者一般不做改动，采用出厂默认值，具体请详细阅读调节器使用手册。

## 五、实验报告

根据试验结果编写实验报告，并根据 $K$、$T$、$\tau$ 平均值写出广义的传递函数，并回答下面问题。

(1)本控制系统为什么要采用 PID 控制?

(2)实验装置中的两根玻璃管如何测得内外圆筒内的液位，其原理是什么?

# 实验四(2)　基于计算机的温度单闭环控制系统

## 一、实验目的

1. 掌握温度单闭环回路控制系统的构成。
2. 掌握用阶跃响应曲线法来求取控制系统数学模型。
3. 用衰减曲线法整定单回路控制系统的 PID 参数。
4. 熟悉 PID 参数对控制系统质量指标的影响。
5. 掌握工业组态软件的使用。

## 二、实验设备

水泵Ⅰ、变频器、压力变送器、主回路调节阀、副回路调节阀、可控硅、热电阻、温度变送器、牛顿模块(输入、输出)。

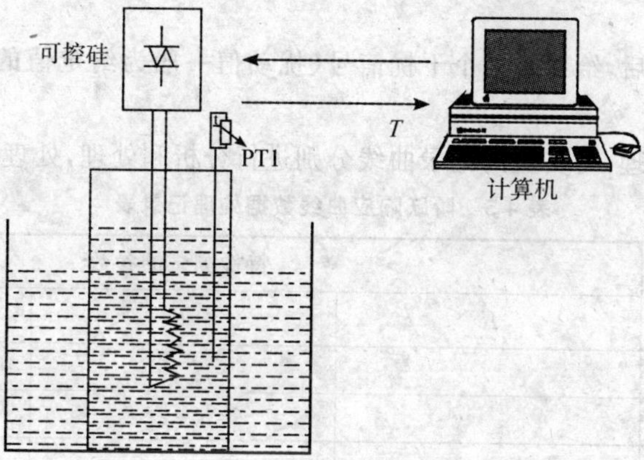


图 4-2-a　温度单闭环实验(计算机控制)流程图

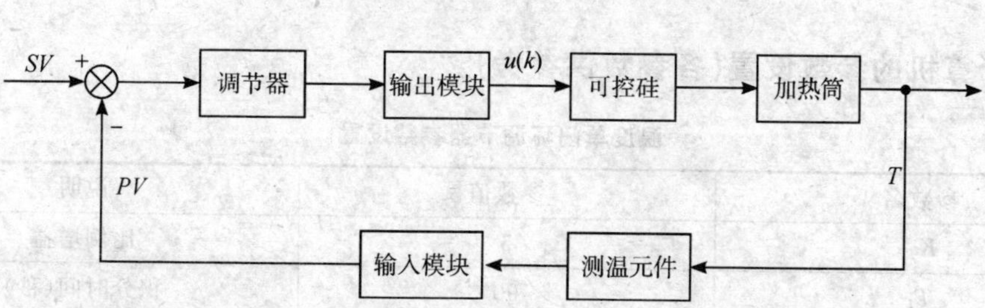


图 4-2-b　温度单闭环实验(计算机控制)框图

## 三、实验说明及操作步骤

1. 将温度单闭环实验所用的设备,参照流程图(图 4-2-a)和系统框图(图 4-2-b)接好实验线路。

2. 接通总电源，将加热圆筒内注满水。

3. 确认接线无误后，接通加热器电源。

4. 按衰减曲线法整定单回路参数。

5. 整定参数值的计算。

设定过渡过程的衰减比为 4∶1，整定参数值可按表 4-4“阶跃反应曲线整定参数表”进行计算。

**表 4-4 阶跃反应曲线整定参数表**

| 调节规律 \ 整定参数 | δ(%) | $T_I$ | $T_D$ |
|---|---|---|---|
| $P$ | $\delta_S$ | | |
| $PI$ | $1.2\delta_S$ | $0.5T_S$ | |
| $PID$ | $0.8\delta_S$ | $0.3T_S$ | $0.1T_S$ |

6. 温度单闭环系统的基础是压力恒定，流量在 9%～11%的范围内，因此，本系统有三个单回路：液位单闭环、压力单闭环、温度单闭环。前两个回路采用 PI 控制，温度单闭环采用 PID 控制。

7. 根据各回路计算所得的 PID 参数值，设置于计算机中，具体见第四部分。

8. 打开加温电源，观察计算机上温度曲线的变化。

9. 待系统稳定后，给计算机的输出加阶跃信号(扰动值一般为给定值的 5%～15%左右)，观察其温度变化曲线。

11. 再等系统稳定后，给系统加个干扰信号(扰动值一般为给定值的 5%～15%左右)，观察其温度变化曲线。

12. 曲线的分析处理，对实验的记录曲线分别进行分析和处理，处理结果记录表 4-5。

**表 4-5 阶跃响应曲线数据处理记录表**

| 测量情况 \ 参数值 | 特性测试的参数 | | |
|---|---|---|---|
| | $K$ | $T$ | $\tau$ |
| 阶跃 1 | | | |
| 阶跃 2 | | | |
| 平均值 | | | |

## 四、计算机的参数设置(各参数供参考)

**温度单闭环调节器参数设置**

| 参数名 | 参数值 | 说明 |
|---|---|---|
| $K_P$ | 5 | 比例增益 |
| $T_I$ | 90 | 积分时间(秒) |
| $T_D$ | 4 | 微分时间(秒) |
| $SP$ | | 设定值 |
| $u(k)$ | | 输出值(0～1 000) |
| $PV$ | | 过程值 |

**压力单闭环调节器参数设置**

| 参数名 | 参数值 | 说明 |
| --- | --- | --- |
| $K_P$ | 4 | 比例增益 |
| $T_I$ | 8 | 积分时间(秒) |
| $T_D$ | 0 | 微分时间(秒) |
| $SP$ |  | 设定值 |
| $u(k)$ |  | 输出值(0～1 000) |
| $PV$ |  | 过程值 |

**流量单闭环调节器参数设置**

| 参数名 | 参数值 | 说明 |
| --- | --- | --- |
| $K_P$ | 5 | 比例增益 |
| $T_I$ | 20 | 积分时间(秒) |
| $T_D$ | 0 | 微分时间(秒) |
| $SP$ |  | 设定值 |
| $u(k)$ |  | 输出值(0～1 000) |
| $PV$ |  | 过程值 |

## 五、实验报告

根据试验结果编写实验报告，并根据 $K$、$T$、$\tau$ 平均值写出广义的传递函数。

# 实验五(1) 基于调节器的双容液位控制系统

## 一、实验目的

1. 掌握液位单闭环回路控制系统的构成。
2. 掌握一阶、二阶系统的特性。
3. 掌握用阶跃响应曲线法来求取控制系统数学模型。
4. 用衰减曲线法整定单回路控制系统的 PID 参数。
5. 熟悉 PID 参数对控制系统质量指标的影响。

## 二、实验设备

水泵Ⅰ、压力变送器、变频器、调节器(708 型),主回路调节阀、上水箱、中水箱、中水箱液位变送器、调节器(708 型)。

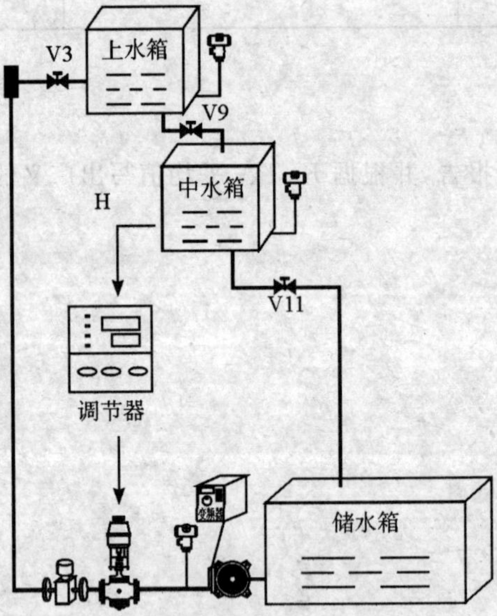


图 5-1-a 调节器控制二阶液位控制实验流程图

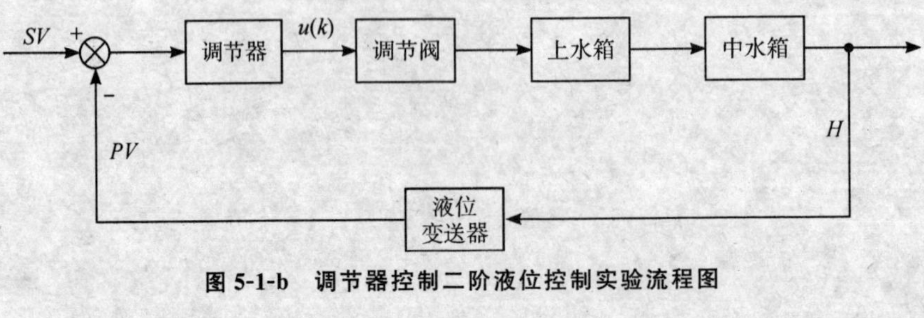


图 5-1-b 调节器控制二阶液位控制实验流程图

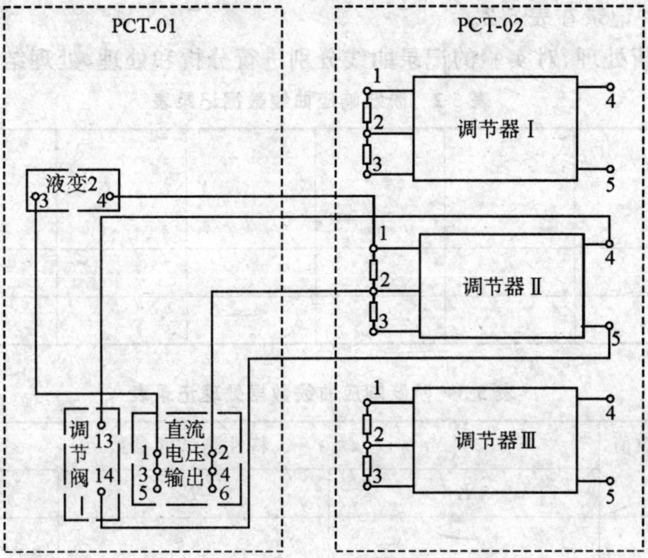


图 5-1-c　双溶液位控制(调节器接线)

## 三、实验说明及操作步骤

1. 按系统框图(图 5-1)接好实验线路。

2. 接通总电源,各仪表电源。

3. 将上水箱进水电磁阀 V3、上水箱排水电磁阀 V9、中水箱排水电磁阀 V11 和下水箱手动排水阀打开,其余阀门关闭。

4. 按衰减曲线法整定单回路参数。

5. 整定参数值的计算

设定过渡过程的衰减比为 4∶1,整定参数值可按表 5-1“阶跃反应曲线整定参数表”进行计算。

表 5-1　阶跃反应曲线整定参数表

| 整定参数 / 调节规律 | $\delta(\%)$ | $T_I$ | $T_D$ |
|---|---|---|---|
| $P$ | $\delta_S$ | | |
| $PI$ | $1.2\delta_S$ | $0.5T_S$ | |
| $PID$ | $0.8\delta_S$ | $0.3T_S$ | $0.1T_S$ |

6. 液位单闭环系统的基础是压力恒定,因此,本系统有两个单回路:液位单闭环、压力单闭环,压力单闭环回路采用 PI 控制,液位单闭环回路采用 PID 控制。

7. 根据各回路计算所得的各回路的 PID 参数值,设置调节器参数。具体见第四部分。

8. 保证水泵Ⅰ在恒压供水状态下工作下,再观察调节器的输出。

9. 待系统稳定后,给定值加个阶跃信号(扰动值一般为给定值的 5%～15%左右)观察调节器输出,并记录在表 5-2。

10. 再等系统稳定后,给系统中水箱加干扰信号(参考方法,改变被控水箱进、排水阀门),

观察调节器输出，并记录在表 5-2。

11. 曲线的分析处理，对实验的记录曲线分别进行分析和处理，处理结果记录于表 5-3。

表 5-2 阶跃响应曲线数据记录表

| $t$/s<br>PV<br>SV | | | | | | |
|---|---|---|---|---|---|---|
| 阶跃 1 | | | | | | |
| 阶跃 2 | | | | | | |

表 5-3 阶跃响应曲线数据处理记录表

| 参数值<br>测量情况 | 特性测试的参数 | | |
|---|---|---|---|
| | $K$ | $T$ | $\tau$ |
| 阶跃 1 | | | |
| 阶跃 2 | | | |
| 平均值 | | | |

## 四、调节器的参数设置

二阶液位控制时调节器能自整定出比较理想的参数。

AI708 型需要设置的参数如下(未列出者用出厂默认值)：

| 参数名 | 参数值 | 说明 |
|---|---|---|
| $M5$ | 45 | 保持参数 |
| $P$ | 733 | 速率参数 |
| $t$ | 178 | 滞后时间 |
| $Ctl$ | 1 | 输出周期 |
| $dIL$ | 0 | 输入下限显示值 |
| $dIH$ | 450 | 输入上限显示值 |

## 五、实验报告

根据试验结果编写实验报告，并根据 $K$、$T$、$\tau$ 平均值写出广义的传递函数。

并回答下面问题：

单溶液位控制系统和双溶液位控制系统有何不同？选择的控制规律又有何不同？

# 实验五(2)　基于计算机的双溶液位控制系统

## 一、实验目的

1. 掌握液位单闭环回路控制系统的构成。
2. 掌握一阶、二阶系统的特性。
3. 掌握用阶跃响应曲线法来求取控制系统数学模型。
4. 用衰减曲线法整定单回路控制系统的 PID 参数。
5. 熟悉 PID 参数对控制系统质量指标的影响。
6. 掌握组态软件的使用。

## 二、实验设备

水泵Ⅰ、压力变送器、变频器、主回路调节阀、上水箱、中水箱、中水箱液位变送器、牛顿模块(输入、输出)。

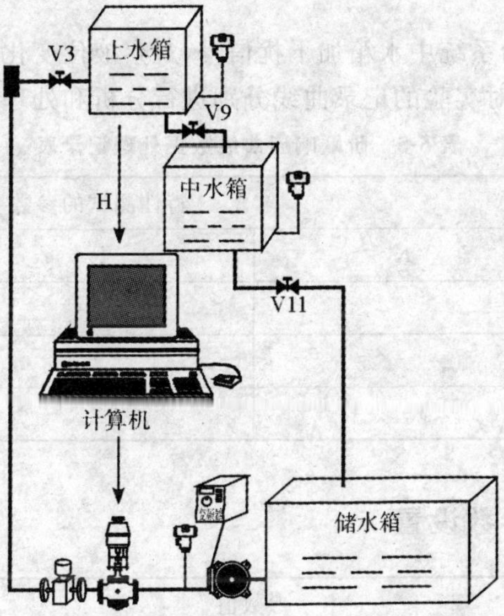


图 5-2-a　计算机控制二阶液位控制实验流程图

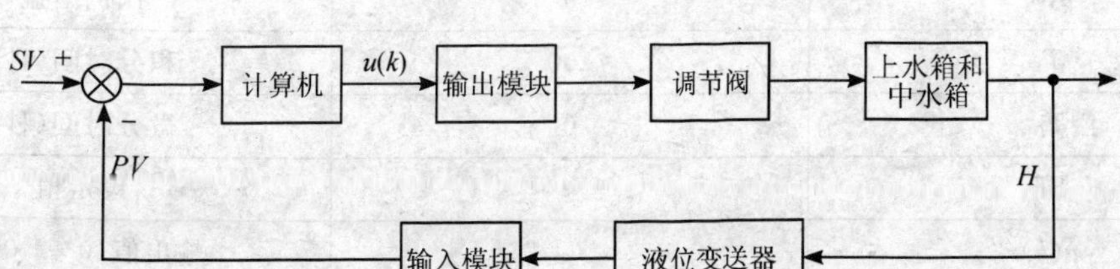


图 5-2-b　计算机控制二阶液位控制实验流程图

## 三、实验说明及操作步骤

1. 按系统框图(图 5-2)接好实验线路。
2. 接通总电源,各仪表电源。
3. 按衰减曲线法整定单回路参数。
4. 整定参数值的计算。

设定过渡程的衰减比为 4 ∶ 1,整定参数值可按表 5-4"阶跃反应曲线整定参数表"进行计算。

表 5-4　阶跃反应曲线整定参数表

| 调节规律＼整定参数 | δ(%) | $T_I$ | $T_D$ |
|---|---|---|---|
| $P$ | $\delta_S$ | | |
| $PI$ | $1.2\delta_S$ | $0.5T_S$ | |
| $PID$ | $0.8\delta_S$ | $0.3T_S$ | $0.1T_S$ |

5. 液位单闭环系统的基础是压力恒定,因此,本系统有两个单回路:液位单闭环、压力单闭环,压力单闭环回路采用 PI 控制,液位单闭环回路采用 PID 控制。
6. 根据各回路计算所得的各回路的 PID 参数值置于计算机中,具体见第四部分。
7. 保证水泵Ⅰ在恒压供水状态下工作下,观察中水箱曲线的变化。
8. 待系统稳定后,给定值加个阶跃信号(扰动值一般为给定值的 5%～15%左右)观察其液位的变化曲线。
9. 再等系统稳定后,给系统中水箱加干扰信号,观察液位变化的曲
10. 曲线的分析处理,对实验的记录曲线分别进行分析和处理,处理结果记录于表 5-5。

表 5-5　阶跃响应曲线数据处理记录表

| 测量情况＼参数值 | 特性测试的参数 | | |
|---|---|---|---|
| | $K$ | $T$ | $\tau$ |
| 阶跃 1 | | | |
| 阶跃 2 | | | |
| 平均值 | | | |

## 四、计算机控制的参数设置

| 参数名 | 参数值 | 说明 |
|---|---|---|
| $K_P$ | 5 | 比例增益 |
| $T_I$ | 200 | 积分时间(秒) |
| $T_D$ | 0 | 微分时间(秒) |
| $SP$ | | 设定值 |
| $u(k)$ | | 输出值(0～1 000) |
| $PV$ | | 过程值 |

需要设置的参数和其他参数如上所示。

## 五、实验报告

根据试验结果编写实验报告，并根据 $K$、$T$、$\tau$ 平均值写出广义的传递函数。

# 第三篇

# 复杂控制

当调节对象的动态特性比较复杂，而工艺对调节质量的要求又很高的时候，简单的单回路控制系统不能够满足要求。在这种情况下，需要在单回路控制系统的基础上，采取其他措施，组成复杂控制系统，也称为多回路系统。本装置可做的复杂控制系统有：串级控制、比值控制、变比值控制、前馈控制、施密斯预估、解耦控制等，下面简单介绍各控制系统原理及其参数整定。

## 一、串级控制

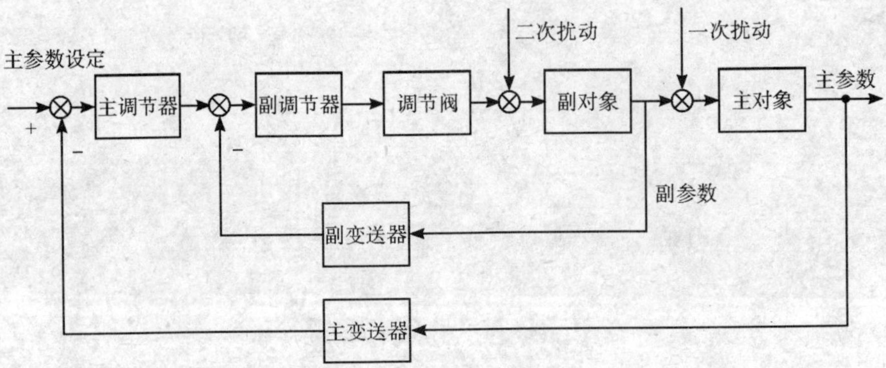


图 0-1 一般串级控制系统

如图 0-1 所示的控制系统在结构上形成了两个闭环。一个闭环在里面，被称为副回路；一个闭环在外面，被称为主回路，以最终保证被调量满足工艺要求。这种由两个调节器串接在一起控制一个调节阀的系统叫做串级控制系统。主调节器具有自己独立的设定值，它的输出作为副调节器的设定值，而副调节器的输出信号则是送到调节阀去控制生产过程。

串级控制系统只比简单控制系统增加了一个测量变送元件和一个调节器，但是控制效果却有显著的提高，具有较好的控制性能，能够改善对象的动态特性，提高系统的工作频率，对负荷或操作条件的变化也有一定的自适应能力。

1. 串级系统的设计

串级系统的种种特点都是因为增加副回路的缘故，副回路的设计质量是保证发挥串级系统优点的关键。

(1)制定串级控制系统的方案。

选择主被控参数、副被控参数、主控制器、副控制器来构成主回路、副回路，组成一个完整的串级控制系统。副回路应包含被控对象所受到的主要干扰，副参数的选择应使副回路时间常数小，调节通道短，反应灵敏。

(2)选择串级控制的主、副控制器。

副调节器的任务是要快动作以迅速抵消落在副环内的二次扰动，而且副参数并不要求无差，所以可选用调节速度较快的 P 调节器。主调节器的任务是准确保持被调量符合生产要求，不允许被调量存在偏差，因此，主调节器必须具有积分作用。

2. 串级控制系统的投运

选用不同的仪表组成的串级系统，投运方法也有所不同，但是所遵循的原则基本上都是相同的，即投运顺序都采用先投副环后再投主环，投运过程必须保证无扰动切换。

3. 串级控制系统参数的整定

串级系统的整定要比简单系统复杂。由于两个调节器串接在一起，互相作用，影响参数的整定。所以在整定时，应尽量加大副调节器的增益以提高副环的频率，使主、副环的频率错开，减少相互之间的影响。

串级系统的整定，有两步整定法和一步整定法。

(1)两步整定法

两步整定法是第一步整定副回路的副调节器，第二步整定主回路的主调节器的串级系统整定方法。

a. 先整定副回路。在系统工作状况稳定，主、副回路主调节器在纯比例作用的条件下，将主调节器的比例带 $\delta$ 置于 100%处，按照单回路系统的整定方法来整定副回路。

逐渐降低副调节器的比例带，如用 4∶1 衰减法来整定副回路，则求出副参数在 4∶1 衰减时的副调节器比例带 $\delta_{2S}$和操作周期 $T_{20}$。

b. 整定主回路。使副调节器比例带置于 $\delta_{2S}$的数值上，逐渐降低主调节器的比例带 $\delta_{1S}$，求出同样衰减比时主回路的过渡过程曲线，记录此时主调节器的比例带 $\delta_{1S}$和操作周期 $T_{10}$。

将上述步骤中求出的 $\delta_{1S}$、$T_{10}$、$\delta_{2S}$、$T_{20}$，根据选用的调节器类型，按照 4∶1 衰减曲线的整定方法，求出主、副调节器的整定参数。

c. 按照“先副后主、先比例次积分后微分”的原则，将计算得出的调节器参数置于各调节器之上。

d. 加干扰实验进行验证，观察过程参数值，直至记录曲线符合控制要求为止。

(2)一步整定法

a. 在系统工作状况稳定，主、副回路主调节器在纯比例作用的条件下，按表 0-1“一步法比例带经验值表”所列数值，将副调节器调节到适当的经验值上。

**表 0-1　一步法比例带经验值表**

| 副参数 | 比例带 $\delta_2$ | 放大倍数 $K_{C2}$ |
| --- | --- | --- |
| 温度 | 20～60 | 5～1.7 |
| 压力 | 30～70 | 3～1.4 |
| 流量 | 40～80 | 2.5～1.25 |
| 液位 | 20～80 | 5～1.25 |

b. 利用单回路控制系统的参数整定方法来整定主调节器参数。

c. 加干扰试验进行验证，观察过渡过程曲线，根据 $K_{C1}$、$K_{C2}$ 相匹配的原理，适当调整调节器参数，使主参数控制精度最好。

d. 如果出现振荡现象，只要适当加大主、副调节器的任意一个比例带，即可消除振荡。

## 二、比值控制系统

实现两个或两个以上参数符合一定比例关系的控制系统，称为比值控制系统，实际工业生产中是经常保证两种或两种物料的流量为一定比例关系，因此，比值控制系统也称为流量比值控制系统。

通常，在两个需要保持一定比值关系的两种物料中，一个是主动量或关键量，另一个是从动量或辅助量。由于物料通常是液体，因此称主动量为主流量 $F1$，从动量为副流量 $F2$。而比值控制系统就是要实现副流量 $F2$ 和主流量 $F1$ 成一定的比值关系，即

$$K = F2/F1$$

1. 比值控制系统的类型

(1)单闭环比值控制系统(图 0-2)

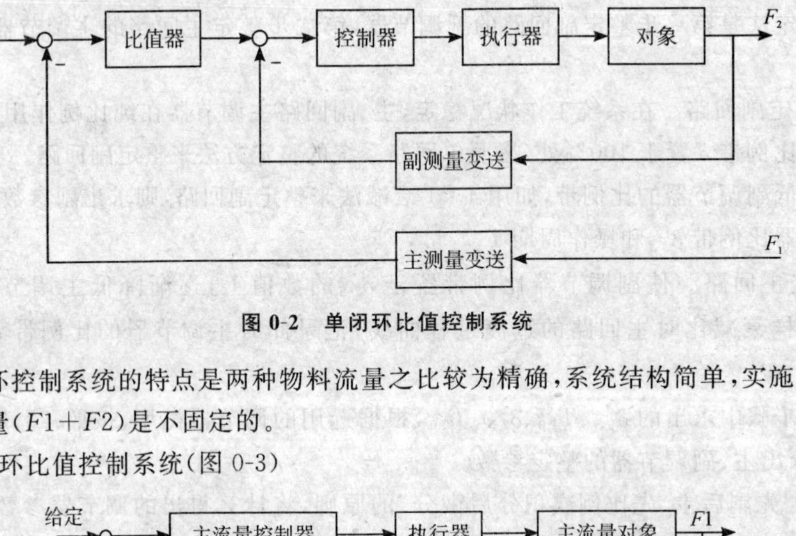


**图 0-2 单闭环比值控制系统**

此单闭环控制系统的特点是两种物料流量之比较为精确，系统结构简单，实施方便。但两种物料的总量($F1+F2$)是不固定的。

(2)双闭环比值控制系统(图 0-3)

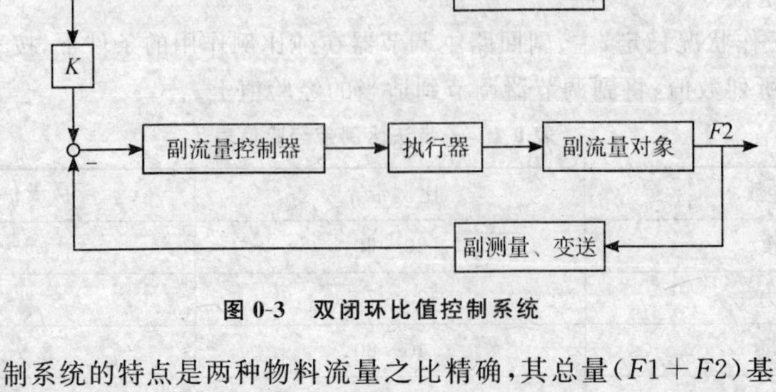


**图 0-3 双闭环比值控制系统**

此双闭环控制系统的特点是两种物料流量之比精确，其总量($F1+F2$)基本保持不变，但

系统结构比较复杂，使用的仪表较多，投资较大，系统调整比较复杂。因此，主要使用在主流量干扰频繁，工艺不允许有较大波动的场合。

(3)变比值控制系统(图 0-3)

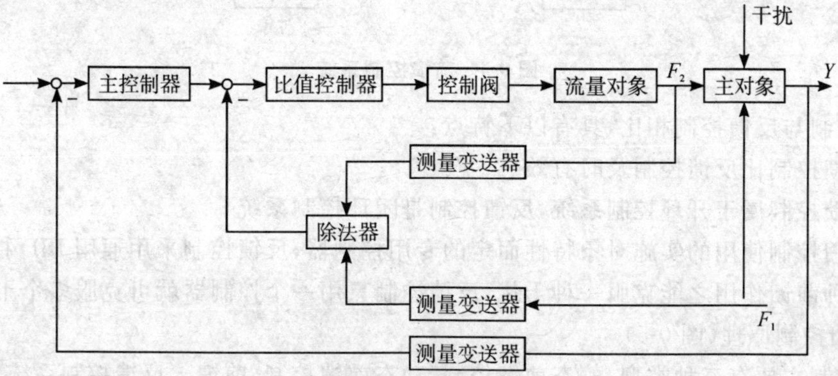


图 0-3 变比值控制系统

该变比值控制系统的特点是特点两种物料流量的比值能灵活地随第三变量的需要而变化，实际上此系统也是串级控制系统。

2. 比值控制系统的设计

要设计一比值控制系统，一般遵循下面几个步骤：

(1)主、副物料流量的确定；

(2)控制方案的选择；

(3)控制器控制规律的确定。

3. 比值控制系统的投运

单、双闭环比值控制系统投运步骤与单回路控制系统相同，变比值控制系统按串级控制系统投运，但比值控制系统在投运之前，还需根据工艺规定的流量比按照实际组成的方案进行比值系数的计算。

4. 比值控制系统的参数整定

根据比值控制系统的不同类型，其整定方案也有所不同：

(1)双闭环比值的主流量回路为一般定值系统，按照常规的单回路系统进行整定。

(2)变比值控制系统结构上是串级控制系统，故主控制器也按照串级控制系统整定。

(3)单闭环比值控制系统，双闭环的副流量回路，变比值回路均为随动系统，需按照随动控制系统的整定要求，整定的方法步骤如下：

①进行比值系数计算及现场整定。

②积分时间置于最大，由大到小调整比例度，直到找到系统处于临界过程为止。

③适当放宽比例度，一般放宽 20%左右，然后把积分时间慢慢减小，直到系统处于临界振荡或微振荡的过程为止。

## 三、前馈控制系统

前馈控制是一种按干扰进行控制的开环控制方法，当干扰出现以后，被控变量还未变化时，前馈控制器(也称前馈补偿装置)就根据干扰的幅值和变化趋势对操纵变量进行控制，来补偿干扰对被控变量的影响(图 0-4)。

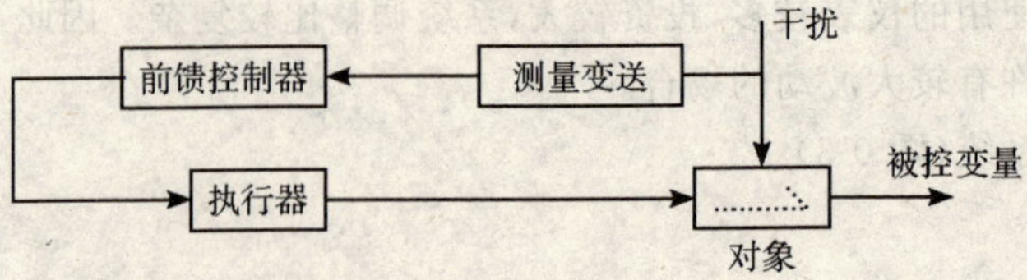


**图 0-4 前馈控制系统**

前馈控制与反馈控制相比，具有以下特点：

(1)前馈控制比反馈控制及时有效。

(2)前馈控制属于开环控制系统，反馈控制是闭环控制系统

(3)前馈控制使用的实施对象特性而定的专用控制器，反馈控制采用通用 PID 控制器

(4)一种前馈作用之能克服一种干扰，反馈控制只用一个控制器就可克服多个干扰。

1. 前馈控制原理(图 0-5)

前馈控制主要有三种类型：静态前馈控制、动态前馈控制、前馈－反馈控制系统，三者都是基于不变性原理。该原理实现了系统对全部扰动或部分扰动的不变性，因此，前馈控制系统实质上就是一种按照扰动进行补偿的开环系统。

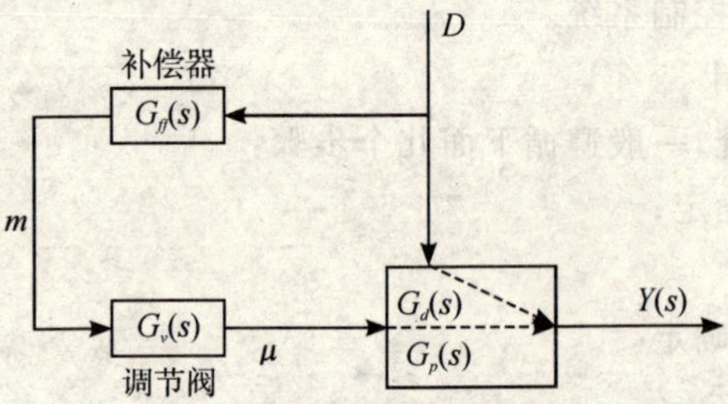


**图 0-5 前馈补偿器的设计原理**

在理想情况下，可以把补偿器设计到完全补偿。$Y$ 和 $D$ 分别代表被调量和扰动量，$G_p(s)$ 和 $G_d(s)$ 分别代表被空对象不同通道的传递函数。如果没有补偿器的话，扰动量 $D$ 只通过 $G_d(s)$ 影响 $Y$，即

$$Y(s)=G_d(s)D(s)$$

但是有了补偿器之后，扰动量 $D$ 同时还通过补偿通道中 $G_{ff}(s)G_v(s)G_p(s)$ 来影响被调量 $Y$，其中的 $G_v(s)$ 是阀门特性，因而

$$Y(s)=G_d(s)D(s)+G_{ff}(s)G_v(s)G_p(s)$$

或者写为：

$$\frac{Y(s)}{D(s)}=G_d(s)+G_{ff}(s)G_v(s)G_p(s)$$

根据上式，如果补偿器的传递函数为

$$G_{ff}(s)=-\frac{G_d(s)}{G_v(s)G_p(s)}$$

那么扰动 $D$ 对于被调量 $Y$ 的影响将为零。这就是"不变性"原理。

2. 前馈控制系统的投运

前馈－反馈控制系统的投运有两种方法。其一，前馈和反馈回路分别投运，整定后再组合起来；其二，将反馈控制部分先投运，待整定后，再逐渐加入前馈作用。

3. 前馈控制系统的参数整定

前馈控制器的参数整定目前还没有一套十分完整、简捷方便的工程方法。当整定前馈一反馈控制系统时，反馈回路和前馈控制部分要分别整定。也就是说，当整定反馈回路时，只考虑反馈闭合回路具有适当的稳定裕量，而不要考虑前馈部分；当整定前馈装置时，不考虑反馈控制所引起的稳定性问题。

前馈控制系统主要用于系统中存在着可测但不可控的变化幅度大，且频繁的干扰，这些干扰对被控参数影响显著，反馈控制达不到质量要求时，或者当控制系统的控制通道滞后时间较长，由于反馈控制不及时影响控制质量时。

## 四、施密斯控制系统

在实际生产过程中，大多数工业对象具有较大的纯滞后时间。对象的纯滞后时间 $\tau$ 对控制系统的控制性能极为不利。当对象的纯滞后时间 $\tau$ 与对象的时间常数 $T_c$ 之比，即 $\tau/T_c \geqslant 0.3$ 时，采用常规的比例积分微分(PID)控制来克服大纯滞后是很难适应的，而且还会使控制过程严重超调，稳定性变差。随着质量分析仪表在线控制的推广应用，克服纯滞后已经成为提高过程控制自动化水平，改进控制质量是一个迫切需要解决的问题。

1. 施密斯预估控制原理

在图 0-6 所示的单回路控制系统中，$D(s)$表示调节器的传递函数，用于校正 $G_p(s)$部分；$G_p(s)e^{-\tau s}$表示被控对象的传递函数，$G_p(s)$为被控制对象中不包含纯滞后部分的传递函数，$e^{-\tau s}$为被控制对象纯滞后部分的传递函数。

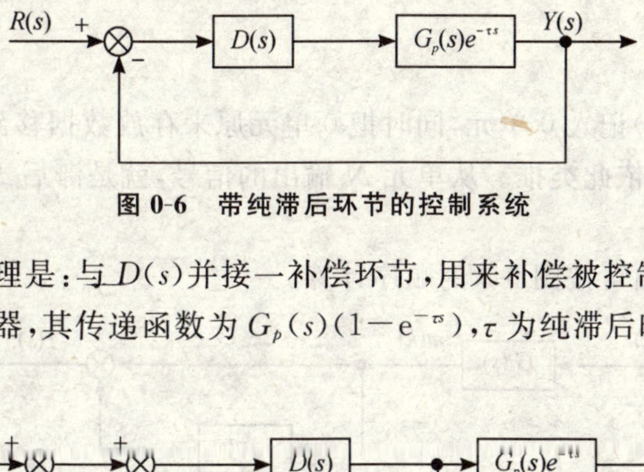


图 0-6　带纯滞后环节的控制系统

施密斯预估控制原理是：与 $D(s)$并接一补偿环节，用来补偿被控制对象中的纯滞后部分。这个补偿环节称为预估器，其传递函数为 $G_p(s)(1-e^{-\tau s})$，$\tau$ 为纯滞后时间，补偿后的系统框图示于图 0-7 中。

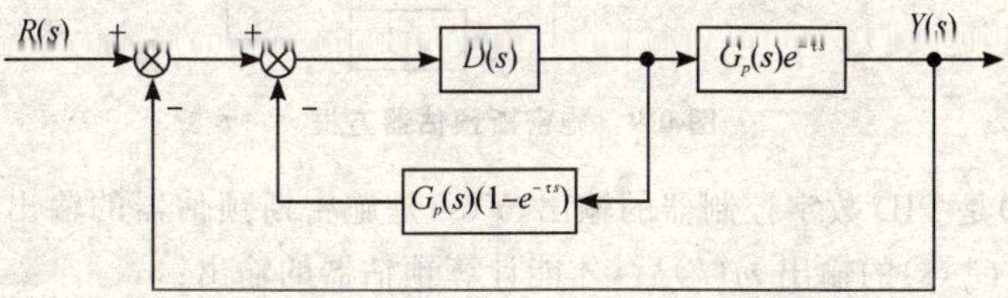


图 0-7　带施密斯预估器的控制系统

由施密斯预估器和调节器 $D(s)$组成的补偿回路称为纯滞后补偿器，其传递函数为 $D'(s)$，即：

$$D'(s)=\frac{D(s)}{1+D(s)G_p(s)(1-e^{-\tau s})}$$

经补偿后的系统闭环传递函数为：

$$\Phi(s)=\frac{D'(s)G_p(s)\mathrm{e}^{-\tau s}}{1+D'(s)G_p(s)\mathrm{e}^{-\tau s}}=\frac{D(s)G_p(s)}{1+D(s)G_p(s)}\mathrm{e}^{-\tau s}$$

上式说明，经补偿后，消除了纯滞后部分对控制系统的影响，因为式中的 $\mathrm{e}^{-\tau s}$ 在闭环控制回路之外，不影响系统的稳定性，拉氏变换的位移定理说明，$\mathrm{e}^{-\tau s}$ 仅将控制作用在时间坐标上推移了一个时间 $\tau$，控制系统的过渡过程及其他性能指标都与对象特性为 $G_p(s)$ 时完全相同。

2. 具有纯滞后补偿的数字控制器

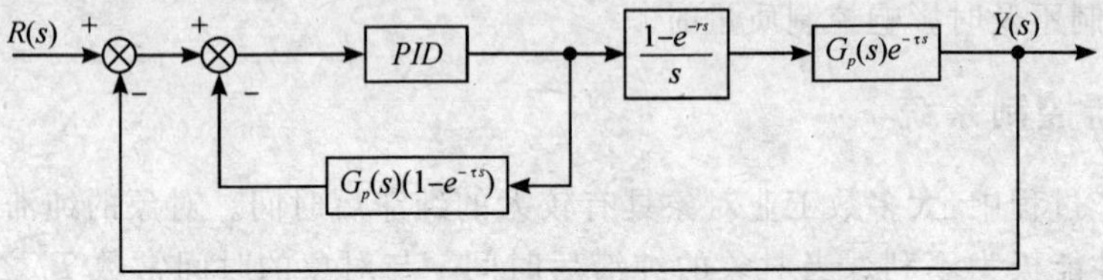


**图 0-8　具有纯滞后补偿的控制系统**

由图 0-8 可见，纯滞后补偿的数字控制器由两部分组成：一部分是数字 PID 控制器（由 $D(s)$ 离散化得到）；一部分是施密斯预估器。

(1)施密斯预估器

系统中的滞后环节使信号延迟，为此，在内存中专门设定 $N$ 个单元作为存放信号 $m(k)$ 的历史数据。存储单元的个数 $N$ 由下式决定。

$$N=\tau/T$$

式中：$\tau$——纯滞后时间；

$T$——采样周期。

每采样一次，把 $m(k)$ 记入 0 单元，同时把 0 单元原来存放数据移到 1 单元，1 单元原来存放数据移到 2 单元……，依此类推。从单元 $N$ 输出的信号，就是滞后 $N$ 个采样周期的 $m(k-N)$ 信号。

施密斯预估器的输出可按图 0-9 的顺序计算。

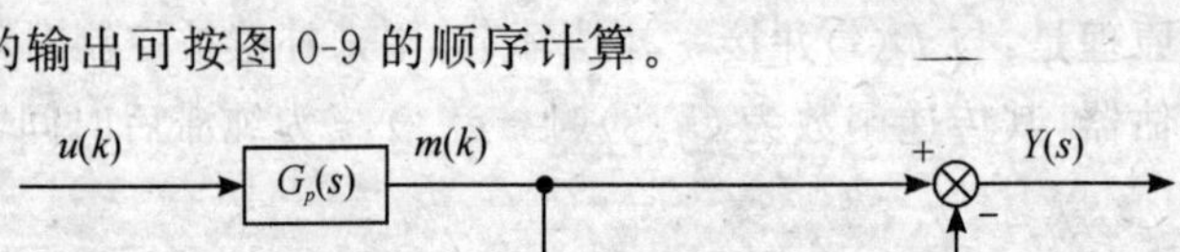


**图 0-9　施密斯预估器方框**

图 0-9 中，$u(k)$ 是 PID 数字控制器的输出，$Y(s)$ 是施密斯预估器的输出。从图中可知，必须先计算传递函数 $G_p(s)$ 的输出 $m(k)$ 后，才能计算预估器的输出：

$$Y(s)=m(k)-m(k-N)$$

许多工业对象可近似用一阶惯性环节和纯滞后环节的串联来表示：

$$G_c(s)=G_p(s)\mathrm{e}^{-\tau s}=\frac{K_f}{1+T_f s}\mathrm{e}^{-\tau s}$$

式中：$K_f$——被控对象的放大系数；

$T_f$——被控对象的时间常数；

$\tau$——纯滞后时间。

预估器的传递函数为：

$$G_r(s)=G_p(s)(1-e^{-\tau s})=\frac{K_f}{1+T_f s}(1-e^{-\tau s})$$

(2)纯滞后补偿控制算法步骤

①计算反馈回路的偏差 $e_1(k)$

$$e_1(k)=r(k)-y(k)$$

②计算纯滞后补偿器的输出 $Y_r(k)$

$$\frac{Y_r(k)}{U(s)}=G_p(s)(1-e^{-\tau s})=\frac{K_f}{1+T_f s}(1-e^{-\tau s})$$

化成微分方程式,则可写成:

$$T_f\frac{dY_r(t)}{dt}+Y_r(t)=K_f[u(t-nt)]$$

相应的差分方程为:

$$Y_r(k)=aY_r(k-1)+b[u(k-1)-u(k-n-1)]$$

式中:$a=e^{-\frac{T}{T_f}}$,$b=K_f[1-e^{-\frac{T}{T_f}}]$。

上式称为施密斯预估控制算式。

③计算偏差 $e_2(k)$

$$e_2(k)=e_1(k)-Y_\tau(k)$$

④计算控制器的输出 $u(k)$,当控制器采用 PID 控制算法时,则

$$u(k)=u(k-1)+\Delta u(k)$$
$$=u(k-1)+K_p[e_2(k)-e_2(k-1)]+K_i e_2(k)+K_d[e_2(k)-2e_2(k-1)+e_2(k-2)]$$

式中,$K_p$ 为 *PID* 控制的比例系数;

$K_i=K_pT/T_i$ 为积分系数;

$K_d=K_pT_d/T$ 为微分系数。

## 五、解耦控制系统

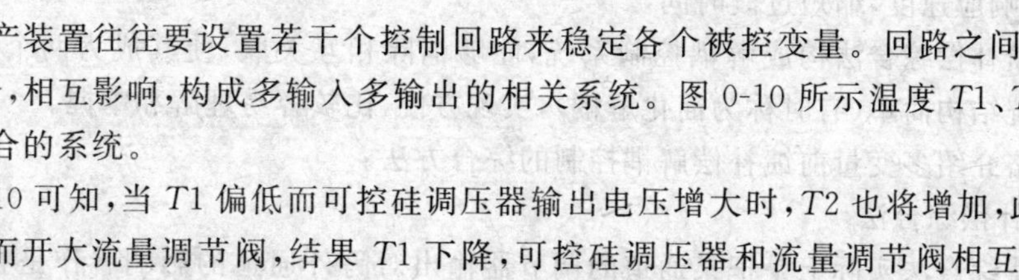


**图 0-10 T1、T2 控制系统的示意图**

一个生产装置往往要设置若干个控制回路来稳定各个被控变量。回路之间可能相互关联,相互耦合,相互影响,构成多输入多输出的相关系统。图 0-10 所示温度 $T1$、$T2$ 控制系统就是相互耦合的系统。

由图 0-10 可知,当 $T1$ 偏低而可控硅调压器输出电压增大时,$T2$ 也将增加,此时通过 $T2$ 控制器作用而开大流量调节阀,结果 $T1$ 下降,可控硅调压器和流量调节阀相互间互相影响着,这是一个典型的关联系统。

各个参量之间存在着关联和耦合,相互影响。这种相互关联,相互耦合的关系如图 0-11 所示。

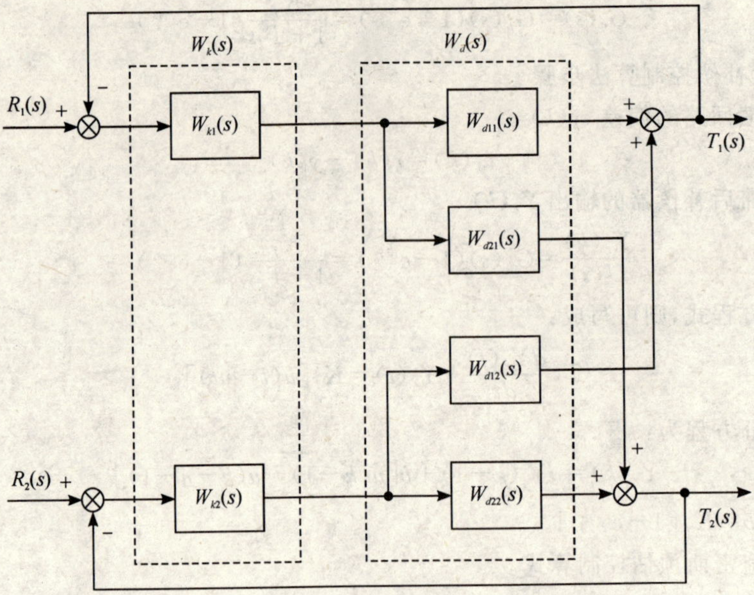


**图 0-11 T1、T2 双变量相关系统的方框图**

在实际生产过程中，这种各个变量之间相互耦合、相互影响的控制系统是普遍存在的。而且在多数情况下，由于这种耦合，使得系统的性能很差，过程长久不能平稳下来，直接影响质量，严重时还会使系统无法正常工作，甚至造成生产事故，危及设备和人身安全。为此必须进行“解耦”，把各个回路之间相互耦合的多输入—多输出系统变换为若干个相互独立的单变量系统。

实际装置中，系统之间的耦合，通常可以通过设计解耦控制系统，使各个控制系统相互独立（或称自治）。多变量解耦控制的综合方法有：

1. 对角线矩阵综合法。

2. 单位矩阵综合法。

3. 前馈补偿综合法。

从以上三种解耦综合方法的理论分析可以知道，通过不同的方法都能达到解耦的目的，但应用单位矩阵综合法有更为突出的优点。应用对角线矩阵综合法与前馈补偿综合法得到的解耦效果和系统的控制质量是一样的，它们都只是设法去掉交叉通道，使其成为两个独立的单回路。而应用单位矩阵综合法，除能达到十分良好的解耦效果之外，还能提高控制质量，减少动态偏差，加快响应速度，缩短过渡时间。

应用前馈补偿综合法构成解耦控制系统，能够消除相互关联，使其成为两个独立的单回路。这种系统结构简单（有时称为简化解耦），实现方便，比较容易理解和掌握。

下面简略介绍多变量前馈补偿解耦控制的综合方法。

1. 前馈补偿综合法

前馈补偿综合法实际上是把某通道的调节器输出对另外通道的影响看作是扰动作用，然后，应用前馈控制的原理，解除控制回路间的耦合。前馈补偿解耦控制系统的方框图如图 9-3 所示。

前馈补偿装置的传递函数可根据前馈补偿原理来求取。根据完全补偿条件，由图 0-12 可得：

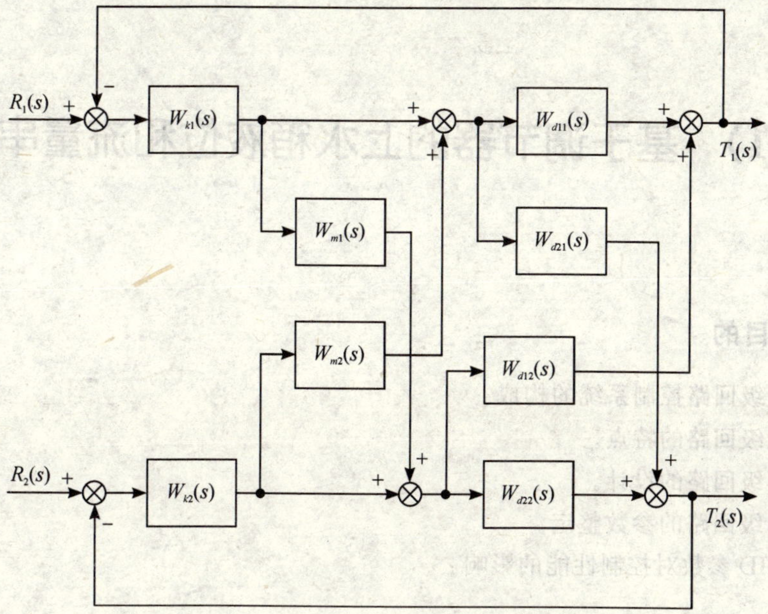


**图 0-12　前馈补偿解耦控制系统方框图**

$$W_{d21}(s)+W_{m1}(s)W_{d22}(s)=0$$

$$W_{m1}(s)=-\frac{W_{d21}(s)}{W_{d22}(s)}$$

同理可得：

$$W_{d21}(s)+W_{m2}(s)W_{d11}(s)=0$$

$$W_{m2}(s)=-\frac{W_{d12}(s)}{W_{d11}(s)}$$

式中：$W_{m1}(s)$——前馈解耦补偿环节(1)的传递函数；

$W_{m2}(s)$——前馈解耦补偿环节(2)的传递函数。

显而易见，应用前馈补偿综合法，按上式构成解耦控制系统，能够消除相互关联，使其成为两个独立的单回路。这种系统结构简单（有时称为简化解耦），实现方便，比较容易理解和掌握。

以上前馈补偿解耦综合方法，虽是以双变量控制系统为例来讲述的，但对于两个变量以上的相关控制系统的解耦，也是适用的。虽只讨论在给定扰动下的解耦效果，但在外扰动作用下，采用同样的解耦补偿装置，也一样可以获得比较满意的解耦效果。

解耦有动态解耦合静态解耦之分。简单地说，动态解耦的补偿是时间补偿，而静态解耦的补偿是幅值补偿。动态解耦要比静态解耦复杂些，一般只在要求比较高、解耦补偿装置又比较容易实现的场合下采用。对大多数相关控制系统来说，使用静态解耦一般都能达到目的，特别是当被控对象各通道的时间常数相差不十分悬殊，使用静态解耦一般都能满足要求。由于静态解耦比较简单，易于实现，又能取得较好的解耦效果，故应用场合。

# 实验一(1) 基于调节器的上水箱液位和流量串级系统

## 一、实验目的

1. 掌握串级回路控制系统的构成。
2. 掌握串级回路的特点。
3. 掌握串级回路的设计。
4. 掌握串级回路的参数整定。
5. 掌握 PID 参数对控制性能的影响。

## 二、实验设备

水泵Ⅰ、压力变送器、变频器、调节器(708 型)、上水箱、上水箱液位变送器、调节器(708 型)、主回路流量计、主回路流量变送器、主回路调节阀、调节器(818 型)。

## 三、实验说明及操作步骤

1. 选择控制系统的方案,上水箱液位和主回路流量。

2. 选择主被控参数、副被控参数,打开上水箱进水电磁阀 V3、上水箱排水电磁阀 V9、中水箱手动排水阀。

3. 主副调节器,在恒压供水条件下工作,将上水箱和流量组成串级实验所用设备,按系统框图(图 1-1)接好实验导线。

注意:818 调节器作为副调节器使用,在 $sn=32$ 参数下,1－2 端接 1～5 V 输入,3－4 端接 0.2～1 V 输入。

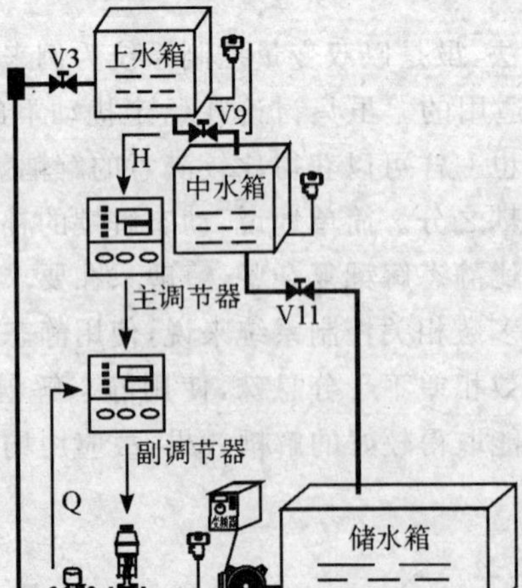


图 1-1-a 上水箱液位和流量串级控制实验流程图

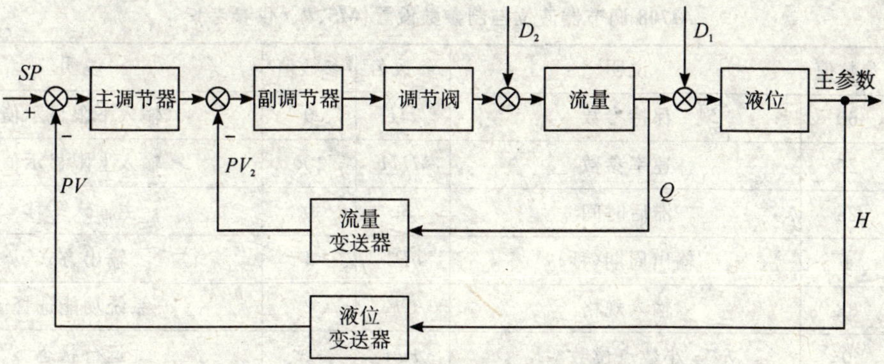


**图 1-1-b　调节器控制串级控制系统的框图**

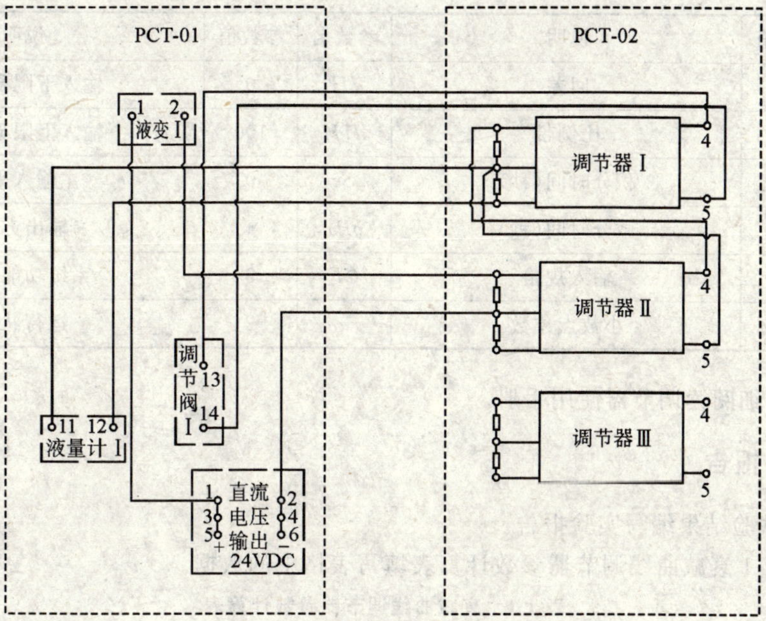


**图 1-1-c　流量液位串级(调节器接线)**

4. 实验参数的整定，先自整定副回路流量系统。待系统稳定后再整定主回路液位系统，最后串在一起整定。待系统稳定后，上水箱液位给定值加个阶跃(幅度不要太大，一般为 5%～15%)，观察主、副调节器的测量值，并将该测量值记录下来。

5. 系统稳定后，分别在主副回路加一个干扰信号，然后观察并记录主、副调节器的测量值。

## 四、调节器的参数设置

本参数适用于上海万迅仪表有限公司的 AI708 型、AI818 型。

本实验所采用的 AI708 型、AI818 型，需要设置的参数如下(本表未列出者一般不做改动，采用出厂默认值)：

**AI708 调节器液位控制参数设置（*M*5、*P*、*t* 供参考）**

| 参数名 | 参数值 | 说明 | 参数名 | 参数值 | 说明 |
|---|---|---|---|---|---|
| *M*5 | 60 | 保持参数 | *dIL* | 0 | 输入下限显示值 |
| *P* | 20 | 速率参数 | *dIH* | 400 | 输入上限显示值 |
| *t* | 25 | 滞后时间 | *Sc* | 0 | 主输入平移 |
| *Ctl* | 1 | 输出周期（秒） | *oP*1 | 4 | 输出方式 |
| *Sn* | 33 | 输入规格 | *CF* | 2 | 系统功能选择 |
| *dIP* | 0 | 小数点位数 | *run* | 2 | 运行状态 |

**AI818 调节器流量控制（*p*、*I*、*d* 供参考）**

| 参数名 | 参数值 | 说明 | 参数名 | 参数值 | 说明 |
|---|---|---|---|---|---|
| *dF* | 1 | 回差 | *dIL* | 0 | 输入下限显示值 |
| *P* | 200 | 比例带 | *dIH* | 100 | 输入上限显示值 |
| *I* | 10 | 积分时间（秒） | *Sc* | 0 | 主输入平移 |
| *d* | 0 | 微分时间（秒） | *oP*1 | 4 | 输出方式 |
| *Sn* | 32 | 输入规格 | *CF* | 8 | 系统功能选择 |
| *diP* | 0 | 小数点位数 | *run* | 2 | 运行状态 |

具体请详细阅读调节器使用手册。

## 五、实验报告

1. 根据试验结果编写实验报告。
2. 按表 1-1 衰减曲线调节器参数计算表填写表格中的数据。

**表 1-1 衰减曲线调节器参数计算表**

| 数据 / 调节器 | 实验数据 | | 查表计算值 | | 最终整定法 | |
|---|---|---|---|---|---|---|
| | $\delta S$/% | $Ts$/min | $\delta$/% | $Ti$/min | $\delta$终/% | $Ti$终/min |
| 主调节器 | | | | | | |
| 副调节器 | | | | | | |

3. 整理并附上记录仪的下列过渡过程曲线。

(1)整定副调节器时得到的 4∶1 衰减曲线。

(2)整定主调节器时得到的 4∶1 衰减曲线。

(3)主副调节器参数整定后，干扰作用于上水箱中，主变量 H1 的过渡过程曲线。

(4)主副调节器参数整定后，干扰作用于流量中，主变量 H1 的过渡过程曲线。

4. 列表（表 1-2、表 1-3）比较控制质量。

**表 1-2　串级控制系统控制质量的比较表**

| 干扰的位置 | 最大偏差 | 过渡时间(min) | 评价质量并简析原因 |
|---|---|---|---|
| 干扰加入上水箱 | | | |
| 干扰加入流量中 | | | |

**表 1-3　串级和简单控制系统控制质量的比较表**

| 干扰位置 | 自控系统类型 | 最大偏差 | 过渡时间(min) | 评价质量并简析原因 |
|---|---|---|---|---|
| 干扰加入上水箱中 | 简单控制系统 | | | |
| | 串级控制系统 | | | |

# 实验一(2) 基于计算机的上水箱液位和流量串级系统

## 一、实验目的

1. 掌握串级回路控制系统的构成。
2. 掌握串级回路的特点。
3. 掌握串级回路的设计。
4. 掌握串级回路的参数整定。
5. 掌握 PID 参数对控制性能的影响。
6. 掌握串级控制系统的投运过程。
7. 掌握工业组态软件的使用。

## 二、实验设备

水泵Ⅰ、压力变送器、变频器、牛顿模块(输入、输出)、上水箱液位变送器、流量计、调节阀。

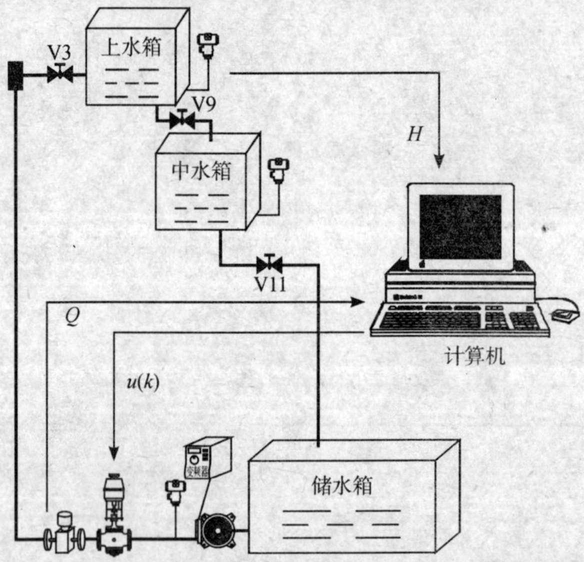


图 1-2-a 上水箱液位和流量串级控制系统流程图(计算机控制)

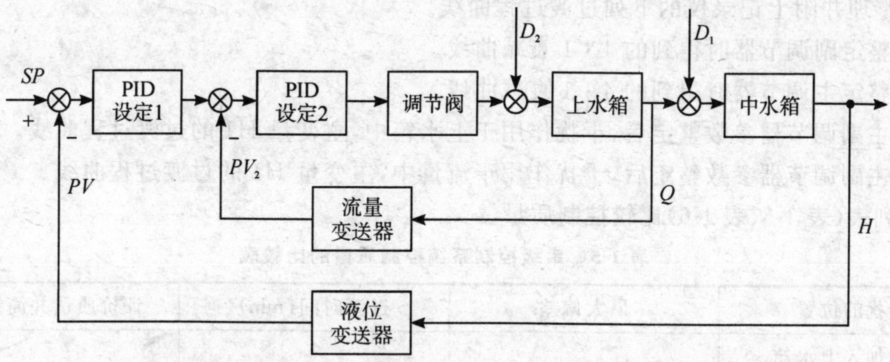


图 1-2-b 上水箱液位和流量串级控制系统框图(计算机控制)

## 三、实验说明及操作步骤

1. 打开计算机组态王软件的工程管理器，选中“串级实验”，点击运行，进入串级实验界面。

2. 点击“自动/手动”按钮，使系统在自动状态，点击“PID 设定按钮”，调出 PID 设定界面。PID 设定 1 框图是副回路流量参数，PID 设定 2 框图是主回路液位参数。

3. 投入参数，观察液位和流量的曲线，调整参数观察计算机控制的效果。待系统稳定后，给定加个阶跃信号，观察其液位的变化曲线。

4. 再等系统稳定后，给系统下水箱加干扰信号，观察下水箱液位变化的曲线。

## 四、计算机控制的参数设置

| *PID* 设定 1 主调 | | *PID* 设定 2 副调 | |
|---|---|---|---|
| *Kp*1 | 10 | *Kp*2 | 15 |
| *Ti*1 | 999 | *Ti*2 | 300 |
| *Td*1 | 0 | *Td*2 | 0 |
| | | *SP*2 | 液位给定值 |
| | | *PV*2 | 液位检测值 |

## 五、实验报告

1. 根据试验结果编写实验报告。

2. 按表 1-4 衰减曲线调节器参数计算表填写表格中的数据。

表 1-4 衰减曲线调节器参数计算表

| 数据 / 调节器 | 实验数据 | | 查表计算值 | | 最终整定法 | |
|---|---|---|---|---|---|---|
| | δS/% | Ts/min | δ/% | Ti/min | δ 终/% | Ti 终/min |
| 主调节器 | | | | | | |
| 副调节器 | | | | | | |

3. 整理并附上记录仪的下列过渡过程曲线。

(1)整定副调节器时得到的 4：1 衰减曲线。

(2)整定主调节器时得到的 4：1 衰减曲线。

(3)主副调节器参数整定后，干扰作用于上水箱中，主变量 H1 的过渡过程曲线。

(4)主副调节器参数整定后，干扰作用于流量中，主变量 H1 的过渡过程曲线。

4. 列表(表 1-5、表 1-6)比较控制质量。

**表 1-5　串级控制系统控制质量的比较表**

| 干扰的位置 | 最大偏差 | 过渡时间(min) | 评价质量并简析原因 |
| --- | --- | --- | --- |
| 干扰加入上水箱 | | | |
| 干扰加入流量中 | | | |

**表 1-6　串级和简单控制系统控制质量的比较表**

| 干扰位置 | 自控系统类型 | 最大偏差 | 过渡时间(min) | 评价质量并简析原因 |
| --- | --- | --- | --- | --- |
| 干扰加入上水箱中 | 简单控制系统 | | | |
| | 串级控制系统 | | | |

# 实验二　基于调节器的上、中水箱液位的串级系统

## 一、实验目的

1. 掌握串级回路控制系统的构成。
2. 掌握串级回路的特点。
3. 掌握串级回路的设计。
4. 掌握串级回路的参数整定。
5. 掌握 PID 参数对控制性能的影响。

## 二、实验设备

水泵Ⅰ、压力变送器、变频器、调节器(708 型)、上水箱、上水箱液位变送器、调节器(708 型)、中水箱、中水箱液位变送器、主回路调节阀、调节器(818 型)。

## 三、实验说明及操作步骤

1. 选择控制系统的方案，上水箱液位和中水箱液位组成串级。

2. 选择主被控参数、副被控参数，打开上水箱进水电磁阀 V3、上水箱排水电磁阀 V9、中水箱排水电磁阀 V12 和下水箱手动排水阀。

3. 选择主副调节器，在恒压供水条件下工作，将上水箱和流量组成串级实验所用设备，按系统框图(图 2-1)接好实验导线。

注意：818 调节器作为副调节器使用，在 $sn=32$ 参数下，1－2 端接 1～5 V 输入，3－4 端接 0.2～1 V 输入。

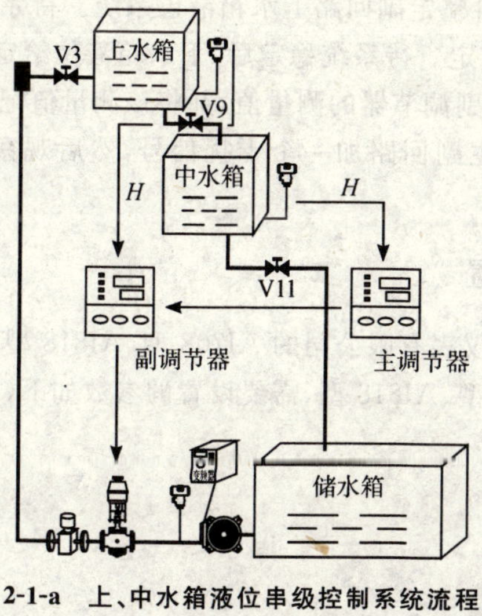


图 2-1-a　上、中水箱液位串级控制系统流程图

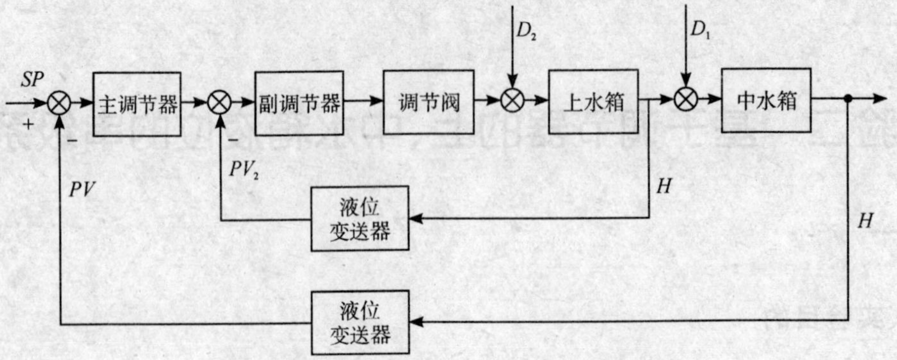


图 2-1-b 上、中水箱液位串级控制系统框图

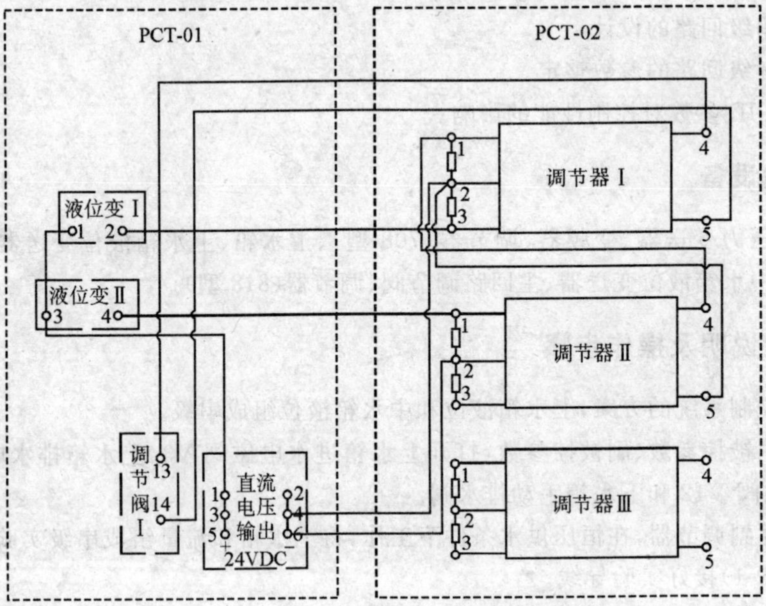


图 2-1-c 上、中水箱液位串级控制(调节器接线)

4. 实验参数的整定，先自整定副回路上水箱液位系统。待系统稳定后再整定主回路下水箱液位系统，最后串在一起整定。待系统稳定后，下水箱液位给定值加个阶跃(幅度不要太大，一般为 5%～15%)，观察主、副调节器的测量值，并将该测量值记录下来。

5. 系统稳定后，分别在主副回路加一个干扰信号，然后观察并记录主、副调节器的测量值。

## 四、调节器的参数设置

本参数适用于上海万迅仪表有限公司的 AI708 型、AI818 型。

本实验所采用的 AI708 型、AI818 型，需要设置的参数如下(本表未列出者一般不做改动，采用出厂默认值)。

**AI708 调节器中水箱液位控制参数设置(*M*5、*P*、*t* 供参考)**

| 参数名 | 参数值 | 说明 | 参数名 | 参数值 | 说明 |
|---|---|---|---|---|---|
| *M*5 | 30 | 保持参数 | *dIL* | 0 | 输入下限显示值 |
| *P* | 42 | 速率参数 | *dIH* | 400 | 输入上限显示值 |
| *t* | 47 | 滞后时间 | *Sc* | 0 | 主输入平移 |
| *Ctl* | 1 | 输出周期(秒) | *oP*1 | 4 | 输出方式 |
| *Sn* | 33 | 输入规格 | *CF* | 2 | 系统功能选择 |
| *dIP* | 0 | 小数点位数 | *run* | 2 | 运行状态 |

**AI818 调节器上水箱液位控制(*p*、*I*、*d* 供参考)**

| 参数名 | 参数值 | 说明 | 参数名 | 参数值 | 说明 |
|---|---|---|---|---|---|
| *dF* | 1 | 回差 | *dIL* | 0 | 输入下限显示值 |
| *P* | 40 | 比例带 | *dIH* | 100 | 输入上限显示值 |
| *I* | 100 | 积分时间(秒) | *Sc* | 0 | 主输入平移 |
| *d* | 0 | 微分时间(秒) | *oP*1 | 4 | 输出方式 |
| *Sn* | 32 | 输入规格 | *CF* | 8 | 系统功能选择 |
| *diP* | 0 | 小数点位数 | *run* | 2 | 运行状态 |

具体请详细阅读调节器使用手册。

## 五、实验报告

1. 根据试验结果编写实验报告。
2. 按表 2-1 衰减曲线调节器参数计算表填写表格中的数据。

**表 2-1　衰减曲线调节器参数计算表**

| 数据 \ 调节器 | 实验数据 | | 查表计算值 | | 最终整定法 | |
|---|---|---|---|---|---|---|
| | $\delta S$/% | $Ts$/min | $\delta$/% | $Ti$/min | $\delta$ 终/% | $Ti$ 终/min |
| 主调节器 | | | | | | |
| 副调节器 | | | | | | |

3. 整理并附上记录仪的下列过渡过程曲线。

(1)整定副调节器时得到的 4:1 衰减曲线。

(2)整定主调节器时得到的 4:1 衰减曲线。

(3)主副调节器参数整定后,干扰作用于上水箱中,主变量 H1 的过渡过程曲线。

(4)主副调节器参数整定后,干扰作用于流量中,主变量 H1 的过渡过程曲线。

4. 列表(表 2-2、表 2-3)比较控制质量。

表 2-2　串级控制系统控制质量的比较表

| 干扰的位置 | 最大偏差 | 过渡时间(min) | 评价质量并简析原因 |
| --- | --- | --- | --- |
| 干扰加入上水箱 | | | |
| 干扰加入流量中 | | | |

表 2-3　串级和简单控制系统控制质量的比较表

| 干扰位置 | 自控系统类型 | 最大偏差 | 过渡时间(min) | 评价质量并简析原因 |
| --- | --- | --- | --- | --- |
| 干扰加入上水箱中 | 简单控制系统 | | | |
| | 串级控制系统 | | | |

# 实验三(1)　基于调节器的流量比值控制系统

## 一、实验目的

1. 掌握比值回路控制系统的构成。
2. 掌握比值回路的特点。
3. 掌握比值系数的设计。
4. 掌握比值系统的参数整定。

## 二、实验设备

水泵Ⅰ、压力变送器、变频器、调节器(调节器 708 型两台、818 型)、主回路调节阀、主回路流量计、副回路调节阀、副回路流量计,比例器,上水箱、中水箱。

比例器使用方法:$I_{OUT}=K_1\times I_1-K_2\times I_2$

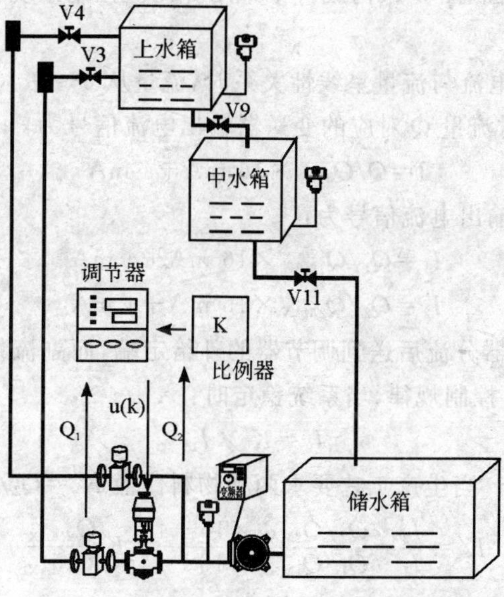


图 3-1-a　流量比值控制系统流程图(调节器控制)

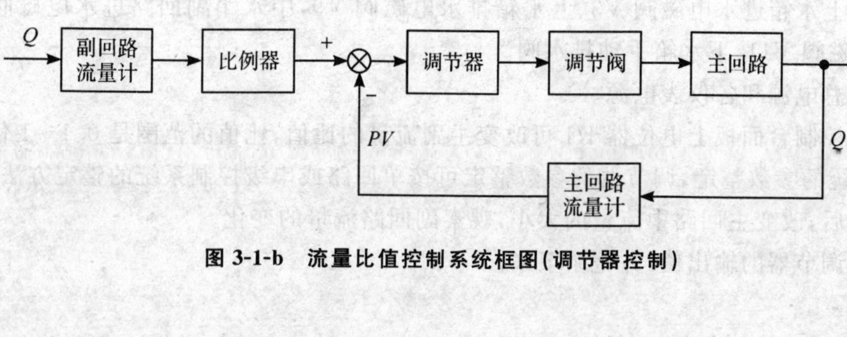


图 3-1-b　流量比值控制系统框图(调节器控制)

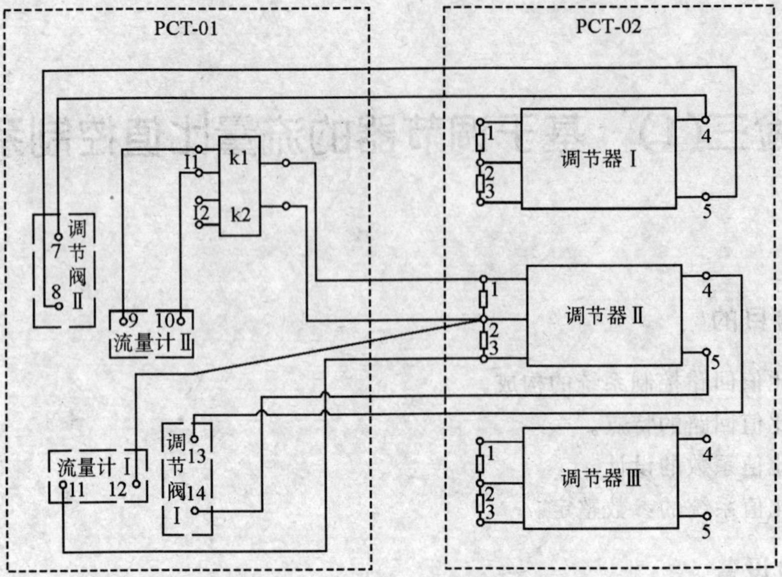


图 3-1-c 流量比值控制(调节器接线)

## 三、实验说明及操作步骤

1. 根据实验系统流程图(图 3-1)构成一个单闭环比值控制系统。

2. 比值系数的计算。

当流量变送器的输出电流与流量呈线性关系时，流量从 $0 \sim Q_{MAX}$ 时，变送器对应的输出电流为 4～20 mA。任一瞬时流量 $\dot{Q}$ 对应的变送器输出电流信号为：

$$I = Q/Q_{MAX} \times 16\ \text{mA} + 4\ \text{mA}$$

则主副流量变送器的输出电流信号为：

$$I_1 = Q_1/Q_{1MAX} \times 16\ \text{mA} + 4\ \text{mA}$$

$$I_2 = Q_2/Q_{2MAX} \times 16\ \text{mA} + 4\ \text{mA}$$

主流量信号 $I_1$ 经分流器分流后送到调节器的外给定端，而副流量信号 $I_2$ 则进入调节器的测量端。调节器选用 $PID$ 控制规律，当系统稳定时：

$$I_2 = K' \times I_1$$

$K'$ 为比例器比值系数。当生产工艺要求两种物料比值 $K' = Q_2/Q_1$ 时，可得：

$$K' = \frac{I_2}{I_1} = \frac{Q_2/Q_{2\text{MAX}} \times 16 + 4}{Q_1/Q_{1\text{MAX}} \times 16 + 4} = K\frac{Q_{2\text{MAX}}}{Q_{1\text{MAX}}}$$

3. 将流量比值实验所用设备，按系统框图连接。

4. 打开上水箱进水电磁阀 V3、上水箱排水电磁阀 V9，中水箱副回路进水电磁阀 V6、中水箱排水电磁阀 V11，下水箱手动排水阀。

5. 接通总电源和各仪表电源。

6. 调节控制台面板上电位器 K1 可改变主副流量的比值，比值的范围是 0.1～1 倍。

控制系统的参数整定，调节器的参数整定可按单回路或串级控制系统的整定方法进行。

7. 稳定后，改变主回路中流量的大小，观察副回路流量的变化。

8. 观察调节器的输出值，并记录下来。

9. 改变比例器的比例系数，观察流量的变化。本实验需要恒压供水。

## 四、调节器控制参数

**AI708 参数设置**

| 参数名 | 参数值 | 说明 | 参数名 | 参数值 | 说明 |
|---|---|---|---|---|---|
| *M*5 | 10 | 保持参数 | *dIL* | 0 | 输入下限显示值 |
| *P* | 6 | 速率参数 | *dIH* | 100 | 输入上限显示值 |
| *t* | 1 | 滞后时间 | *Sc* | 0 | 主输入平移 |
| *Ctl* | 5 | 输出周期(秒) | *oP*1 | 4 | 输出方式 |
| *Sn* | 33 | 输入规格 | *CF* | 2 | 系统功能选择 |
| *dIP* | 0 | 小数点位数 | *run* | 2 | 运行状态 |

**AI818 参数设置**

| 参数名 | 参数值 | 说明 | 参数名 | 参数值 | 说明 |
|---|---|---|---|---|---|
| *dF* | 3 | 回差 | *dIL* | 0 | 输入下限显示值 |
| *P* | 200 | 比例带 | *dIH* | 100 | 输入上限显示值 |
| *I* | 10 | 积分时间(秒) | *Sc* | 0 | 主输入平移 |
| *d* | 0 | 微分时间(秒) | *oP*1 | 4 | 输出方式 |
| *ctl* | 1 | 输出周期 | *Cr* | 10 | |
| *Sn* | 33 | 输入规格 | *CF* | 2 | 系统功能选择 |
| *diP* | 0 | 小数点位数 | *run* | 2 | 运行状态 |

## 五、实验报告

根据试验结果编写实验报告，附上记录曲线，分别为主、副流量的过渡过程曲线。

曲线的分析处理，对实验的记录曲线分别进行分析和处理，处理结果记录于表 3-1。

**表 3-1　阶跃响应曲线数据处理记录表**

| 参数值 / 测量情况 | 流量$_1$ | | | 流量$_2$ | | |
|---|---|---|---|---|---|---|
| | $K1$ | $T1$ | $\tau 1$ | $K2$ | $T2$ | $\tau 2$ |
| 正向输入 | | | | | | |
| 反向输入 | | | | | | |
| 平均值 | | | | | | |

# 实验三(2)　基于计算机的流量比值控制系统

## 一、实验目的

1. 掌握比值回路控制系统的构成。
2. 掌握比值回路的特点。
3. 掌握比值系数的设计。
4. 掌握比值系统的参数整定。
5. 掌握组态软件的使用。

## 二、实验设备

水泵Ⅰ、压力变送器、变频器、主回路调节阀、主回路流量计、副回路调节阀、副回路流量计，比例器，牛顿模块（输入、输出）上水箱、中水箱。

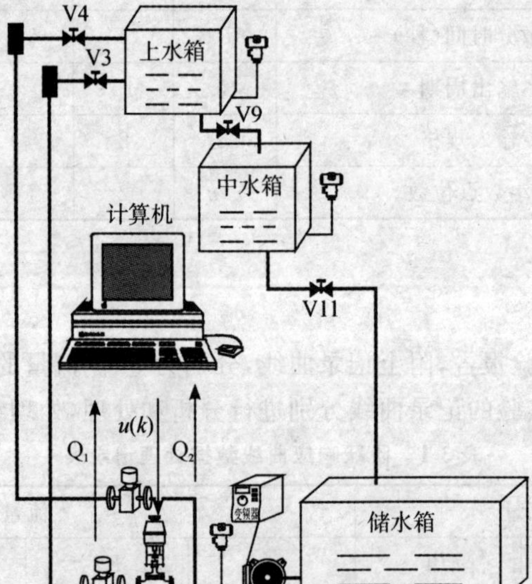


图 3-2-a　流量比值控制系统流程图（计算机控制）

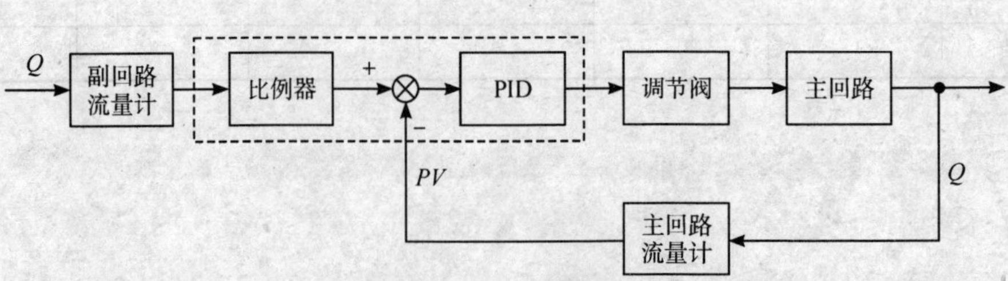


图 3-2-b　流量比值控制系统框图（计算机控制）

## 三、实验说明及操作步骤

1. 根据实验系统流程图(图 3-2)构成一个单闭环比值控制系统,如上图。

2. 比值系数的计算。

当流量变送器的输出电流与流量呈线性关系时,流量从 $0\sim Q_{MAX}$ 时,变送器对应的输出电流为 4～20 mA。任一瞬时流量 $Q$ 对应的变送器输出电流信号为:

$$I=Q/Q_{MAX}\times 16\text{ mA}+4\text{ mA}$$

则主副流量变送器的输出电流信号为:

$$I_1=Q_1/Q_{1MAX}\times 16\text{ mA}+4\text{ mA}$$

$$I_2=Q_2/Q_{2MAX}\times 16\text{ mA}+4\text{ mA}$$

主流量信号 $I_1$ 经分流器分流后送到调节器的外给定端,而副流量信号 $I_2$ 则进入调节器的测量端。调节器选用 $PID$ 控制规律,当系统稳定时:

$$I_2=K'\times I_1$$

$K'$ 为比例器比值系数。当生产工艺要求两种物料比值 $K'=Q_2/Q_1$ 时,可得:

$$K'=\frac{I_2}{I_1}=\frac{Q_2/Q_{2MAX}\times 16+4}{Q_1/Q_{1MAX}\times 16+4}=K\,\frac{Q_{2MAX}}{Q_{11MAX}}$$

3. 将流量比值实验所用设备,按系统框图连接。

4. 接通总电源和各仪表电源。

5. 调出计算机控制的流量比值实验界面。将“手动/自动”按钮转换到自动状态,点击“PID 设定”按钮,调出 PID 参数设定界面。选取适当的 PID 参数投入运行。

6. 调节 KC,改变流量的比值。

7. 系统的参数整定,调节器的参数整定可按单回路或串级控制系统的整定方法进行。

8. 系统稳定后,改变主回路中流量的大小,观察副回路流量的变化。

9. 观察计算机上历史曲线的变化。记录并处理历史曲线。

10. 改变比例器的比例系数,观察流量的变化。本实验需要恒压供水。

## 四、计算机的参数设置

本实验需要设置的参数如下:

| | |
|---|---|
| $KP=3$ | (参考值)(比例增益) |
| $Ti=18$ | (参考值)(积分时间　秒) |
| $Td=1$ | (参考值)(微分时间　秒) |
| $Sp$ | (计算机控制给定值) |
| $U(k)$ | (计算机输出值) |
| $PV$ | (主流量检测值) |
| $PV2$ | (副流量检测值) |
| $Kc$ | (比值系数) |

## 五、实验报告

根据试验结果编写实验报告,附上记录曲线,分别为主、副流量的过渡过程曲线。

曲线的分析处理,对实验的记录曲线分别进行分析和处理,处理结果记录于表 3-2。

**表 3-2 阶跃响应曲线数据处理记录表**

| 测量情况 \ 参数值 | 流量1 | | | 流量2 | | |
|---|---|---|---|---|---|---|
| | $K1$ | $T1$ | $\tau1$ | $K2$ | $T2$ | $\tau2$ |
| 正向输入 | | | | | | |
| 反向输入 | | | | | | |
| 平均值 | | | | | | |

# 实验四　基于计算机的变比值控制系统

## 一、实验目的

1. 掌握变比值回路控制系统的构成。
2. 掌握变比值回路的特点。
3. 掌握比值系数的设计。
4. 掌握变比值系统的参数整定。
5. 掌握组态软件的使用。

## 二、实验设备

水泵Ⅰ、压力变送器、变频器、主回路调节阀、主回路流量计、副回路调节阀、副回路流量计、下水箱、下水箱热电阻 PT6、加热器内筒热电阻 PT1、温度变送器、牛顿模块、计算机。

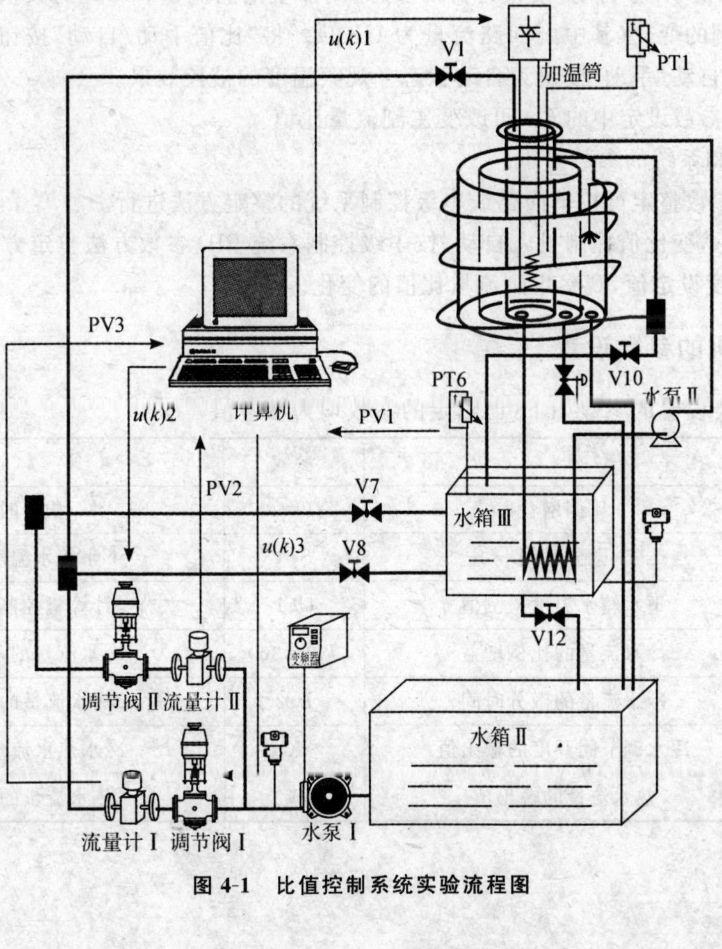


图 4-1　比值控制系统实验流程图

## 三、实验说明及操作步骤

1. 根据实验系统流程图与框图构成一个单闭环比值控制系统，如图 4-1 所示。

2. 当流量变送器的输出电流与流量呈线性关系时，流量从 $0\sim Q_{MAX}$ 时，变送器对应的输出电流为 4～20 mA。任一瞬时流量 $Q$ 对应的变送器输出电流信号为：

$$I=Q/Q_{MAX}\times 16\ \text{mA}+4\ \text{mA}$$

则主副流量变送器的输出电流信号为：

$$I_1=Q_1/Q_{1MAX}\times 16\ \text{mA}+4\ \text{mA}$$

$$I_2=Q_2/Q_{2MAX}\times 16\ \text{mA}+4\ \text{mA}$$

主流量信号 $I_1$ 经分流器分流后送到调节器的外给定端，而副流量信号 $I_2$ 则进入调节器的测量端。调节器选用 $PID$ 控制规律，当系统稳定时：

$$I_2=K'\times I_1$$

$K'$ 为比例器比值系数。当生产工艺要求两种物料比值 $K'=Q_2/Q_1$ 时，可得：

$$K'=\frac{I_2}{I_1}=\frac{Q_2/Q_{2MAX}\times 16+4}{Q_1/Q_{1MAX}\times 16+4}=K\frac{Q_{2MAX}}{Q_{1MAX}}$$

3. 将流量比值实验所需设备，按实验流程图接好导线。

4. 接通总电源和控制台电源。打开“变比值控制”实验界面，点击“PID 参数”设定，调节适当的控制参数。

5. 点击“比值手动/自动”按钮为自动状态，调节主回路流量(Uk3)的数值，观察两回路的流量是否成比例的变化(其中副回路流量为 UK2)。将“比值手动/自动”按钮切换到手动，点击“变比值控制自动/手动”按钮为自动状态。观察温度的被控效果。

改变 $PID$ 参数设定中的 $Kc$ 可改变主副流量比值。

6. 比值控制系统的参数整定。

控制器的参数整定可按单回路或串级控制系统的整定方法进行。

系统稳定后，变比值控制投入自动，按串级控制系统 PID 参数方法整定方法整定系统。

7. 改变温度设定值，观察主副流量比值的变化。

## 四、计算机的参数设置

本实验需要设置的参数如下(已给定的参数均为参考值)：

| 参数 | | 参数 | |
|---|---|---|---|
| $KP1=15$ | 比例增益 | $Ti1=200$ | 积分时间 |
| $Td1=0$ | 微分时间 | $Sp1$ | 下水箱水温度给定值 |
| $PV1$ | 下水箱水温度检测值 | $Uk1$ | 计算机控制输出值 |
| $KP2=10$ | 冷水流量的比例增益 | $Ti2=300$ | 冷水流量的积分时间 |
| $Td2=0$ | 冷水流量的微分时间 | $Pv2$ | 冷水流量的检测值 |
| $Uk2$ | 冷水调节阀开度的输出值 | $K$ | 冷水热水流量的比值 |
| $Uk3$ | 热水流量的输出值 | $PV3$ | 热水流量的检测值 |

## 五、实验报告

根据试验结果编写实验报告，画出比值控制系统实验框图。附上记录曲线，分别比值控制主、副流量的过渡过程曲线和变比值控制主、副流量的过渡过程曲线。

曲线的分析处理，对实验的记录曲线分别进行分析和处理，处理结果记录于表 4-1。

表 4-1 比值和变比值控制主、副流量数据处理记录表

| 参数 / 测量 | $Kc$ | | | $T$ | | |
|---|---|---|---|---|---|---|
| | $Kc1$ | $Kc2$ | $Kc3$ | $T1$ | $T2$ | $T3$ |
| 流量 1 | | | | | | |
| 流量 2 | | | | | | |

# 实验五(1) 基于调节器的前馈反馈控制系统

## 一、实验目的

1. 掌握前馈反馈控制系统的构成。
2. 掌握前馈反馈控制系统的特点。
3. 掌握前馈控制系统与反馈控制系统的区别。
4. 掌握前馈反馈控制系统的参数整定。

## 二、实验设备

水泵Ⅰ、压力变送器、变频器、调节器(708 型两台)、上水箱液位变送器、上水箱、调节阀、流量计、比例器。

流量扰动产生所需设备:副回路流量调节阀、调节器(818 型手动输出)。

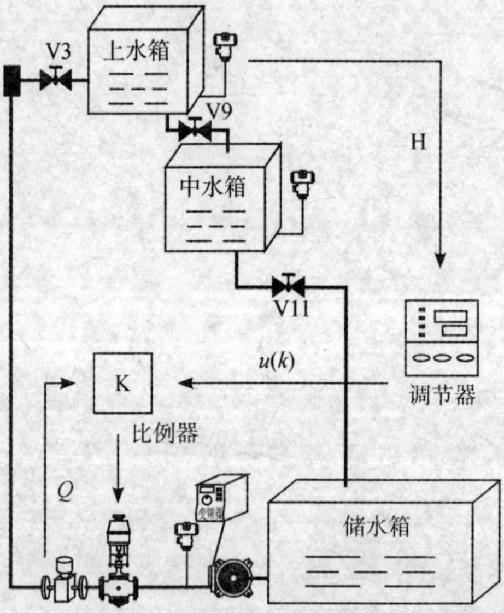


图 5-1-a 前馈反馈控制系统流程图(调节器控制)

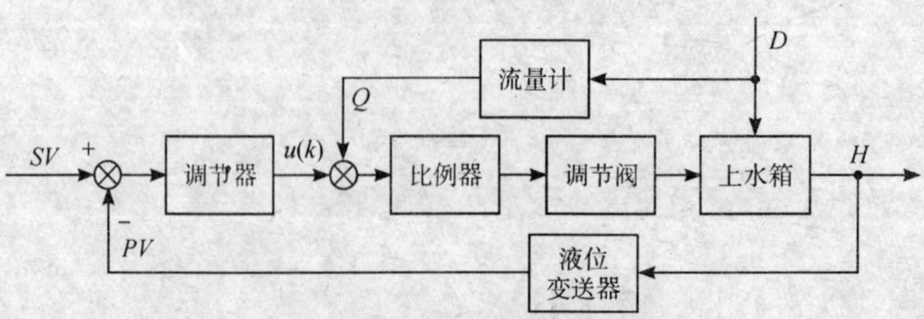


图 5-1-b 前馈反馈控制系统框图(调节器控制)

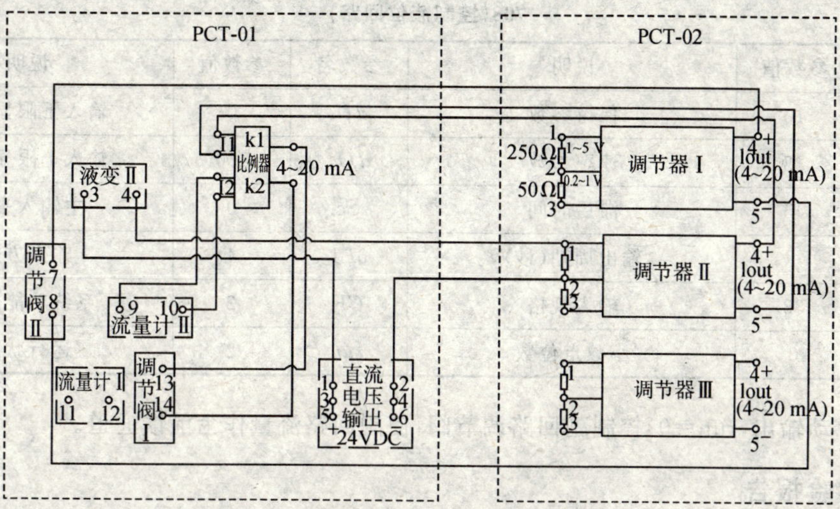


**图 5-1-c　前馈反馈控制系统(调节器接线)**

## 三、实验说明及操作步骤

1. 根据实验系统流程图构成前馈反馈实验，上水箱液位作为主回路，流量作为前馈信号。打开上水箱进水电磁阀 V3、上水箱排水电磁阀 V9. 中水箱进水电磁阀 V6、中水箱排水电磁阀 V12、下水箱手动排水阀。

2. 将上水箱液位和流量组成前馈实验所需设备，按系统框图(图 5-1)接好实验导线。

3. 接通总电源和各仪表电源。

4. 部分的参数整定，可按单回路或串级控制系统的整定方法进行。

5. 系统稳定后，改变副回路流量，观察主回路中流量的变化。

6. 观察调节器的输出，并记录输出值的变化。

注：同样可按照以上实验步骤作下水箱液位和流量组成前馈实验。

## 四、计算机的参数设置

本实验需要设置的参数如下：

**708(控制压力回路)**

| 参数名 | 参数值 | 说明 | 参数名 | 参数值 | 说明 |
|---|---|---|---|---|---|
| *M*5 | 10 | 保持参数 | *dIL* | 0 | 输入下限显示值 |
| *P* | 6 | 速率参数 | *dIH* | 100 | 输入上限显示值 |
| *t* | 1 | 滞后时间 | *Sc* | 0 | 主输入平移 |
| *Ctl* | 5 | 输出周期(秒) | *oP*1 | 4 | 输出方式 |
| *Sn* | 33 | 输入规格 | *CF* | 2 | 系统功能选择 |
| *dIP* | 0 | 小数点位数 | *run* | 2 | 运行状态 |

708(控制液位回路)

| 参数名 | 参数值 | 说明 | 参数名 | 参数值 | 说明 |
|---|---|---|---|---|---|
| *M*5 | 10 | 保持参数 | *dIL* | 0 | 输入下限显示值 |
| *P* | 23 | 速率参数 | *dIH* | 400 | 输入上限显示值 |
| *t* | 45 | 滞后时间 | *Sc* | 0 | 主输入平移 |
| *Ctl* | 1 | 输出周期(秒) | *oP*1 | 4 | 输出方式 |
| *Sn* | 33 | 输入规格 | *CF* | 2 | 系统功能选择 |
| *dIP* | 0 | 小数点位数 | *run* | 2 | 运行状态 |

818(手动输出,run=0)控制副回路调节阀,使副回路流量作为前馈通道。

## 五、实验报告

1. 根据试验结果编写实验报告,附上记录曲线,分别为液位、流量的过渡过程曲线。

2. 曲线的分析处理,对实验的记录曲线分别进行分析和处理,处理结果记录于表 5-1。

表 5-1 阶跃响应曲线数据处理记录表

| 参数值 / 测量情况 | 流量$_1$ | | | 流量$_2$ | | |
|---|---|---|---|---|---|---|
| | *K*1 | *T*1 | $\tau$1 | *K*2 | *T*2 | $\tau$2 |
| 正向输入 | | | | | | |
| 反向输入 | | | | | | |
| 平均值 | | | | | | |

3. 用理论或实际的方法确定扰动通道的传递函数、对象控制通道的传递函数(用实际的方法可参照对象特性测试实验)。

4. 列表(表 5-2)比较控制质量。

表 5-2 前馈反馈控制系统质量比较表

| 控制系统的类型 | 最大偏差 | 过渡时间(min) | 评价并简析原因 |
|---|---|---|---|
| 简单控制系统 | | | |
| 前馈反馈控制系统 | | | |

# 实验五(2)　基于计算机控制的前馈反馈控制

## 一、实验目的

1. 掌握前馈反馈控制系统的构成。
2. 掌握前馈反馈控制系统的特点。
3. 掌握前馈控制系统与反馈控制系统的区别。
4. 掌握前馈反馈控制系统的参数整定。
5. 掌握工业组态软件的使用。

## 二、实验设备

水泵Ⅰ、压力变送器、变频器、牛顿模块(输入输出)、上水箱液位变送器、上水箱、调节阀、流量计、比例器。

流量扰动产生所需设备:副回路流量调节阀、调节器(818 型手动输出)。

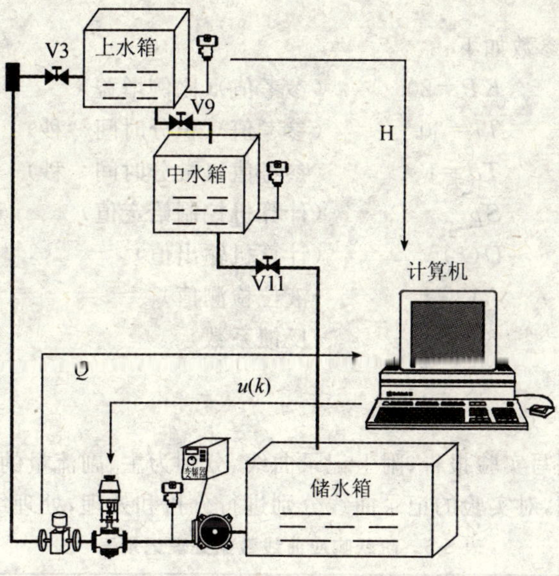


图 5-2-a　前馈反馈控制系统流程图(计算机控制)

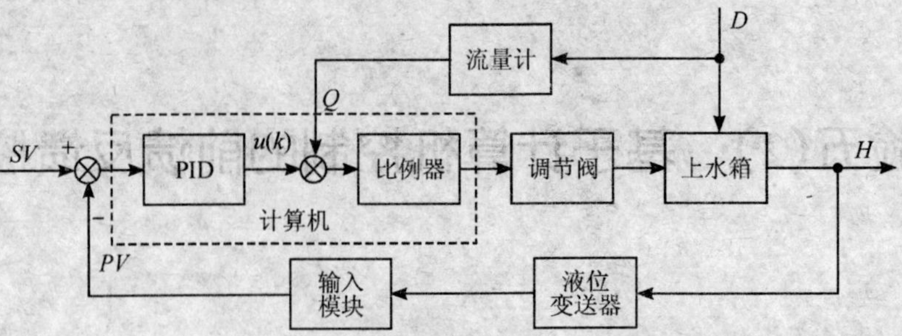


图 5-2-b 前馈反馈控制系统框图(计算机控制)

## 三、实验说明及操作步骤

1. 根据实验系统流程图构成前馈、上水箱液位作为主回路,流量作为前馈信号。
2. 将上水箱液位和流量组成前馈实验所需设备,按系统框图(图 5-2)接好实验导线。
3. 接通总电源和各仪表电源。
4. 系统部分的参数整定,可按单回路或串级控制系统的整定方法进行。
5. 系统稳定后,改变回路中流量的大小,观察液位的变化和计算机上流量及液位的历史曲线的变化。记录并处理历史曲线。
6. 观察计算机上流量的历史曲线的变化。记录并处理历史曲线。

## 四、计算机的参数设置

本实验需要设置的参数如下:

$KP=20$ (参考值)(比例增益)
$Ti=30$ (参考值)(积分时间 秒)
$Td=1$ (参考值)(微分时间 秒)
$Sp$ (计算机控制给定值)
$U(k)$ (计算机输出值)
$PV$ (液位检测值)
$Kf$ (反馈系数)

## 五、实验报告

1. 根据试验结果编写实验报告,附上记录曲线,分别为主、副流量的过渡过程曲线。
2. 曲线的分析处理,对实验的记录曲线分别进行分析和处理,处理结果记录于表 5-3。

表 5-3 阶跃响应曲线数据处理记录表

| 参数值 / 测量情况 | 流量$_1$ | | | 流量$_2$ | | |
|---|---|---|---|---|---|---|
| | $K1$ | $T1$ | $\tau1$ | $K2$ | $T2$ | $\tau2$ |
| 正向输入 | | | | | | |
| 反向输入 | | | | | | |
| 平均值 | | | | | | |

3. 用理论或实际的方法确定扰动通道的传递函数、对象控制通道的传递函数(用实际的方法可参照对象特性测试实验)。

4. 列表(表 5-4)比较控制质量。

**表 5-4　前馈反馈控制系统质量比较表**

| 控制系统的类型 | 最大偏差 | 过渡时间(min) | 评价并简析原因 |
| --- | --- | --- | --- |
| 简单控制系统 | | | |
| 前馈反馈控制系统 | | | |

# 实验六　基于计算机的施密斯预估控制系统

## 一、实验目的

1. 掌握施密斯控制系统的构成。
2. 掌握施密斯控制系统的特点。
3. 掌握纯滞后补偿控制算法。
4. 掌握具有纯滞后补偿的数字控制器的结构组成。
5. 掌握施密斯控制系统的参数整定。
6. 掌握工业组态软件的使用。

## 二、实验设备

1. 计算机控制部分：可控硅、热电阻（PT1、PT3、PT4、PT5）、温度变送器、牛顿模块（输入、输出）、主回路调节阀、主回路流量计。

2. 仪表控制部分（单回路压力控制系统）：水泵Ⅰ、调节器（708 型控制压力）、变频器、压力传感器。

其中，管道压力、加热器内筒温度 PT1 由计算机采集、显示，PT1 只用于监测。

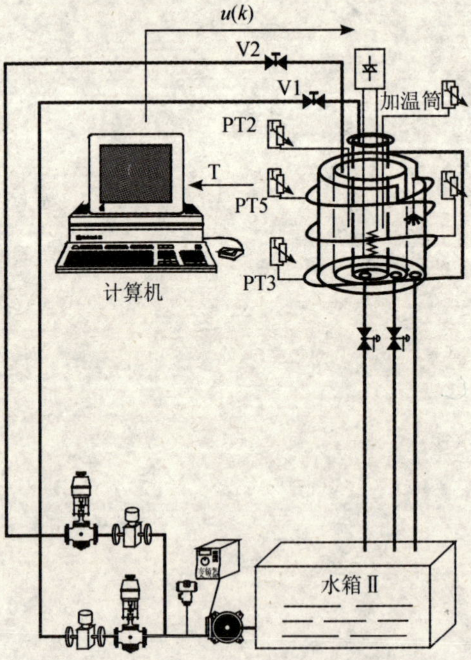


图 6-1　施密斯控制实验流程图

## 三、实验说明及操作步骤

1. 根据实验系统所需设备和系统流程图(图 6-1)构成一个施密斯控制系统。

2. 将施密斯控制实验所需设备，按实验系统所需要求接线。利用仪表控制方法将加热器内筒水注满。打开加热器内筒进水电磁阀 V1 以及下水箱手动出水阀。

说明：热水由加热器内筒的顶部经 PT3、PT4、PT5 流入溢流外筒。

3. 通总电源和各仪表电源。

4. 用单回路 PID 参数整定方法，对 T4 单回路自动控制系统进行 PID 参数整定。

5. 用实验的方法求取 T3 为被控制对象包含纯滞后部分的传递函数。

6. 用温度 T3 对象的纯滞后时间 $\tau$ 对施密斯控制器的参数设定，施密斯控制投入自动。观察温度 T3 的变化，观察计算机上历史曲线的变化，对施密斯控制器的参数进行修正，记录并处理历史曲线。

## 四、计算机控制的参数设置

本实验需要设置的参数如下：

| | |
|---|---|
| $KP1=15$ | (参考值)(比例增益) |
| $Ti1=15$ | (参考值)(积分时间　秒) |
| $Td1=10$ | (参考值)(微分时间　秒) |
| $Sp1$ | (被控水管出口温度对象给定值) |
| $PV1$ | (被控水管出口温度对象检测值) |
| $K=0.05$ | (过程的放大系数) |
| $Tc=30$ | (过程的时间常数) |
| $\tau=200$ | (过程的纯滞后时间) |
| $Uk1$ | (计算机控制温度的输出) |
| $KP2=10$ | (参考值)(控制流量比例增益) |
| $Ti2=20$ | (参考值)(控制流量积分时间秒) |
| $Td2=0$ | (参考值)(控制流量微分时间秒) |
| $Sp2$ | (被控水管出口流量给定值) |
| $U(k)2$ | (计算机控制流量输出值) |
| $PV2$ | (被控水管出口流量检测值) |

## 五、实验报告

根据试验结果编写实验报告，画出施密斯控制系统方块图，附上记录曲线，比较单回路 PID 控制和施密斯控制的过渡过程曲线。

对实验的记录曲线的分析处理。

注意：Simth 控制实验中，水管出口温度检测有三个不同的点，PT3、PT4、PT5。PT3 滞后时间参数最小，PT4 滞后时间参数次之，PT5 滞后时间参数最大。实验时可根据不同的需要选择不同的检测时间滞后参数。检测元件是热电阻 Cu50。流量控制大约在 20%左右。

# 实验七　基于计算机的解耦控制系统

## 一、实验目的

1. 掌握解耦控制系统的构成。
2. 掌握解耦控制系统的特点。
3. 掌握解耦控制算法。
4. 掌握解耦控制的数字控制器的结构组成。
5. 掌握解耦控制系统的参数整定。
6. 掌握工业组态软件的使用。

## 二、实验设备

1. 计算机控制部分：可控硅、加热器内筒热电阻 PT1、加热器外筒热电阻 PT2、温度变送器、牛顿模块（输入、输出）、融回路调节阀、副回路流量计。

2. 仪表控制部分（单回路压力控制系统）：水泵Ⅰ、调节器（708 型控制压力）、变频器、压力传感器。

其中：管道压力、由计算机采集、显示。

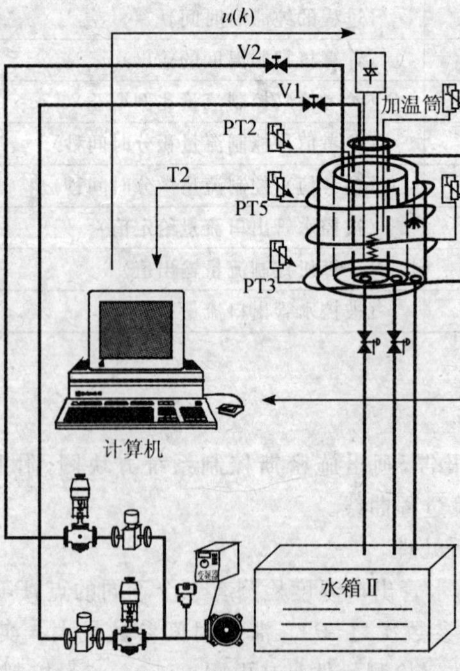


图 7-1　解耦控制实验流程图

## 三、实验说明及操作步骤

1. 根据实验系统流程图构成一个前馈补偿解耦控制系统。

2. 将前馈补偿解耦控制实验所需设备，按流程图(图 7-1)接好实验导线。

3. 接通总电源和控制台电源。启动实验软件，在解耦控制画面下，点击“PID 设定”按钮，调出 PID 设定界面，设置适当的控制参数。

4. 用单回路 PID 参数整定方法，对温度 T1、T2 单回路自动控制系统进行 PID 参数整定，T1、T2 接近被控温度时，点击“温度 1 手动/自动”、“温度 1 手动/自动”按钮为手动状态，点击“解耦控制”按钮为自动状态，投入解耦控制自动控制状态。

5. 用实验的方法求取 $W_{d11}(s)$，$W_{d22}(s)$，$W_{d12}(s)$，$W_{d21}(s)$被控制对象传递函数。

6. 根据 $W_{m1}(s)$——前馈解耦补偿环节(1)的传递函数；$W_{m2}(s)$——前馈解耦补偿环节(2)的传递函数。对前馈解耦补偿环节的参数设定进行没定，解耦控制投入自动。观察温度 $T1$、$T2$ 的变化，观察计算机上历史曲线的变化，对解耦控制器的参数进行修正，记录并处理历史曲线。

## 四、计算机的参数设置

本实验需要设置的参数如下(已给定值均为参考值)：

| 参　数 | 说　明 | 参　数 | 说　明 |
|---|---|---|---|
| $KP1=20$ | 比例增益 | $Ti1=150$ | 积分时间　秒 |
| $Td1=10$ | 微分时间　秒 | $Sp1$ | 内筒温度对象给定值 |
| $PV1$ | 内筒温度对象检测值 | $Kf1=0.07$ | |
| $Tf12=0$ | | $Tf11=0$ | |
| $Uk1$ | 计算机控制加温模块的输出 | $KP2=30$ | 控制外筒温度比例增益 |
| $Ti2=8$ | 控制外筒温度积分时间 | $Td2=0$ | 控制外筒温度微分时间 |
| $Sp2$ | 外筒给定值 | $Kf1=0.01$ | |
| $Tf12=0$ | | $Tf11=0$ | |
| $U(k)2$ | 计算机输出值 | $PV2$ | 外筒温度检测值 |

## 五、实验报告

根据试验结果编写实验报告，画出解耦控制系统框图，附上记录曲线，比较单回路 PID 控制和解耦控制控制的过渡过程曲线。

对实验的记录曲线的分析处理。

注意：在本实验中，加热器的外筒温度是靠吸收内筒热量而升高的，所以在做实验时内、外筒的温度差不要太小，否则不利于温度的传递。

# 第四篇

# 基于组态王的开发及应用

以下是基于厦门大学自动化系 04 级学生毕业设计，从毕业论文中摘录、整理的结果，供自动化系学生学习过控时参考。程序在本书介绍的实验装置上通过，有不足之处请多见谅。

# 实验一　基于 BP 神经网络 PID 的水箱液位控制实验

采用神经网络 PID 控制不但可以加快学习速率并减少震荡，而且能够实现神经网络和 PID 控制规律的本质结合。神经网络根据系统的运行状态，不断调节 PID 控制器的三个参数，以期达到某种性能指标的最优化，使输出神经元的输出状态对应于 PID 控制器的三个可调参数 $K_p$，$K_i$，$K_d$，并通过神经网络的自学习、加权系数自调整使神经网络的输出对应于某种最优规律下的控制器参数。其结构如图 1-1 所示：

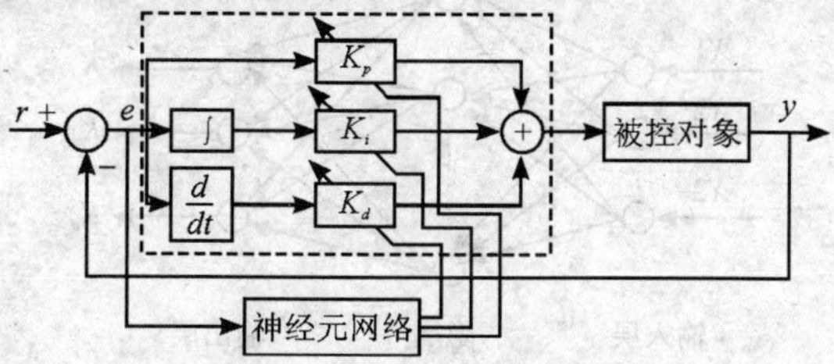


**图 1-1　神经元网络 PID**

由图 1-1 可知，控制器有两部分构成：

(1)经典 PID 控制器，直接对被控对象进行闭环控制，并且三个参数 $K_p$，$K_i$，$K_d$ 为在线调整方式。经典增量式数字 PID 的控制算法为：

$$\Delta u(k)=u(k)-u(k-1)$$

$$\Delta u(k)=K_c[\mathrm{e}(k)-\mathrm{e}(k-1)]+K_i\mathrm{e}(k)+K_d[\mathrm{e}(k)-2\mathrm{e}(k-1)+\mathrm{e}(k-2)] \tag{1}$$

(2)神经网络，根据系统的运行状态，调节 PID 控制器的参数，以期达到某种性能指标的最优化，使输出层神经元的输出状态对应于 PID 控制器的三个可调参数 $K_p$，$K_i$，$K_d$ 通过神经网络的自学习、加权系数调整，使神经网络输出对应于某种最优控制规律下的 PID 控制器参数。

# 实验二 BP 神经网络 PID 算法

BP 神经网络是一种前向网络。它有一个输入层、一个输出层和一个或多个隐含层，同层神经元间无关联，异层神经元间向前连接。根据多层前向网络的逼近理论，在足够多的隐神经元数目条件下，具有 sigmoid 非线性活动函数的三层神经网络可以以任意精度实现从输入空间到输出空间的任意非线性函数映射。本文采用三层前向神经网络。如图 2-1 所示：

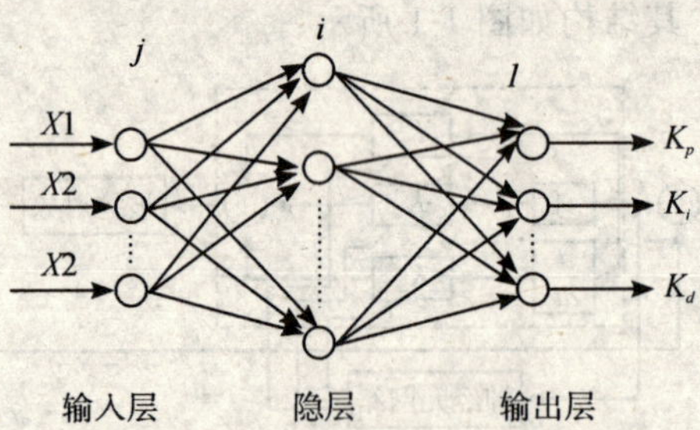


**图 2-1**

网络输入层的输入

为：

$$Q_j^{(1)} = x(k) \quad (j=1,2,\cdots,M) \tag{2}$$

式中，输入变量的个数 M 取决于被控系统的复杂程度。

网络隐含层的输入、输出为：

$$net_i^{(2)}(k) = \sum_{j=0}^{M} w_{ij}^{(2)} O_j^{(1)}$$
$$O_i^{(2)}(k) = f(net_i^{(2)}(k)) \quad (i=1,2,\cdots,Q) \tag{3}$$

式中，$w_{ij}^{(2)}$ 为隐含层加权系数；上角标(1)、(2)、(3)分别代表输入层、隐含层和输出层。

隐层神经元的活化函数取正负对称的 Sigmoid 函数：

$$f(x) = \tanh = \frac{e^{x-} e^{-x}}{e^x + e^{-x}} \tag{4}$$

网络输出层的输入输出为：

$$net_l^{(3)}(k) = \sum_{i=0}^{Q} w_{li}^{(3)} O_i^{(2)}(k)$$
$$O_l^{(3)}(k) = g(net_l^{(3)}(k)) \quad l=(1,2,3) \tag{5}$$
$$O_1^{(3)}(k) = K_p$$
$$O_2^{(3)}(k) = K_i$$
$$O_3^{(3)}(k) = K_d$$

输出层输出节点分别对应三个可调参数 $K_p, K_i, K_d$。由于 $K_p, K_i, K_d$ 不能为负值，所以输出层神经元的活化函数取非负的 Sigmoid 函数：

$$g(x)=\frac{1}{2}(1+\tanh(x))=\frac{e^x}{e^x+e^{-x}} \tag{6}$$

取性能指标函数为：

$$E(k)=\frac{1}{2}(rin(k)-yout(k))^2 \tag{7}$$

按照梯度下降法修正网络的权系数，即按 $E(k)$ 对加权系数的负梯度方向搜索调整，并附加一个使搜索快速收敛的全局极小的惯性项：

$$\Delta w_{li}^{(3)}=-\eta\frac{\partial E(k)}{\partial w_{li}^{(3)}}+\alpha\Delta w_{li}^{(3)}(k-1) \tag{8}$$

式中，$\alpha$ 为惯性系数，$\eta$ 为学习速率。

$$\frac{\partial E(k)}{\partial w_{li}^{(3)}}=\frac{\partial E(k)}{\partial y(k)}\cdot\frac{\partial y(k)}{\partial\Delta u(k)}\cdot\frac{\partial\Delta u(k)}{\partial O_l^{(3)}(k)}\cdot\frac{\partial O_l^{(3)}(k)}{\partial net_l^{(3)}(k)}\cdot\frac{\partial net_l^{(3)}(k)}{\partial w_{li}^{(3)}(k)} \tag{9}$$

$$\frac{\partial net_l^{(3)}(k)}{\partial w_{li}^{(3)}(k)}=O_i^{(2)}(k) \tag{10}$$

由于 $\frac{\partial y(k)}{\partial\Delta u(k)}$ 未知，所以近似用符号函数 $\mathrm{sgn}\left(\frac{\partial y(k)}{\partial\Delta u(k)}\right)$ 取代，由此带来计算不精确的影响可以通过调整学习速率 $\eta$ 来补偿。

由式(2－3)和式(2－7)，可求得：

$$\frac{\partial\Delta u(k)}{\partial O_1^{(3)}(k)}=error(k)-error(k-1) \tag{11}$$

$$\frac{\partial\Delta u(k)}{\partial O_2^{(3)}(k)}=error(k) \tag{12}$$

$$\frac{\partial\Delta u(k)}{\partial O_3^{(3)}(k)}=error(k)-2error(k-1)+error(k-2) \tag{13}$$

上述分析可得网络输出层权的学习算法为：

$$\Delta w_{li}^{(3)}(k)=\alpha\Delta w_{li}^{(3)}(k-1)+\eta\delta_l^{(3)}O_i^{(2)}(k) \tag{14}$$

$$\delta_i^{(3)}=error(k)\mathrm{sgn}\left(\frac{\partial y(k)}{\partial\Delta u(k)}\right)\frac{\partial\Delta u(k)}{\partial O_l^{(3)}(k)}g'(net_l^{(3)}(l))\quad(l=1,2,3) \tag{15}$$

同理可得隐含层加权系数的学习算法：

$$\Delta w_{ij}^{(2)}(k)=\alpha\Delta w_{ij}^{(2)}(k-1)+\eta\delta_i^{(2)}O_j^{(1)}(k) \tag{16}$$

$$\delta_i^{(2)}=f'(net_i^{(2)}(k))\sum_{l=1}^{3}\delta_l^{(3)}w_{li}^{(3)}(k)\quad(i=1,2\cdots Q) \tag{17}$$

式中，

$$g'(\cdot)=g(x)(1-g(x)),f'(\cdot)=(1-f^2(x))/2 \tag{18}$$

该控制器控制算法归纳如下：

确定 $BP$ 网络的结构，即确定输入节点数 $M$ 和隐含层节点数 $Q$，并给出各加权系数的初值 $w_{ij}^{(1)}$ 和 $w_{li}^{(2)}(0)$，选定学习速率 $\eta$ 和惯性系数 $\alpha$，此时 $k=1$；采样得到 $rin(k)$ 和 $yout(k)$，计算该时刻误 $errot(k)=rin(k)-yout(k)$，计算神经网络 $NN$ 各层神经元的输入、输出，NN输出层的输出即为PID控制器的三个可调参数 $K_p,K_i,K_d$；

根据式(1)计算PID控制器的输出 $u(k)$；

进行网络学习，在线调整加权系数 $w_{ij}^{(1)}(k)$ 和 $w_{li}^{(2)}(k)$，实现PID控制参数的自适应调整；

置 k＝k＋1，返回到第(1)步。

## 一、实验目的

1. 加深对神经网络的理解，掌握有关神经网络算法。
2. 理解神经网络控制与PID控制相结合的一般方法。
3. 学会使用组态王的编写程序。
4. 在实验中学会分析和处理实际问题，达到更佳的调节效果。

## 二、实验设备

水泵、变频器、压力变送器、主回路调节阀、上水箱、中水箱液位变送器。

## 三、实验步骤

1. 新建工程

在组态王中，每一个应用被称为一个工程。使用工程管理器可以在新建工程向导的提示下新建一个工程。工程浏览器是组态王的集成开发环境。在这里可以看到工程的各个组成部分，包括画面，数据库，外部设备，系统配置，SQL访问管理器。

2. 建立新画面

在工程浏览器中左侧的树形结构中选择“画面”，在右侧视图中双击“新建”，工程浏览器将弹出“新画面”对话框。用户可以使用图形工具箱在此画面中绘制各种图素绘制图素的主要工具放在图形工具箱内。

工程浏览器的界面如图2-2所示：

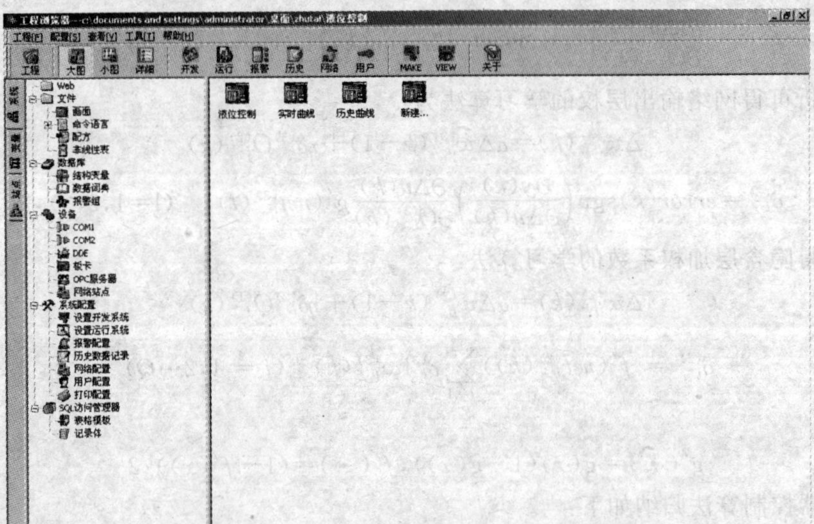

图 2-2 工程浏览器

组态王还提供使用图库管理器如图2-3所示：

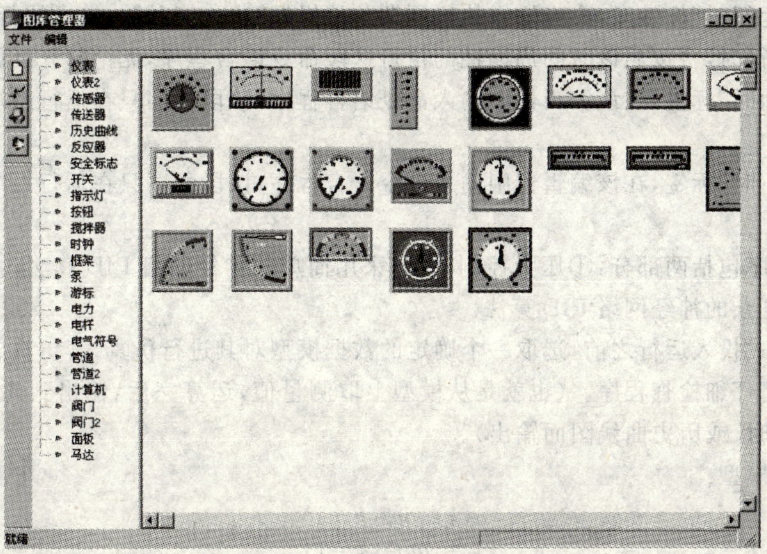


图 2-3 图库管理器

3. 定义数据变量

数据词典中的变量分为“内存变量”和“I/O变量”两类。“I/O变量”指的是需要“组态王”和其他应用程序(外部设备)交换数据的变量。那些不需要和外部设备相连的变量，只要在“组态王”设置成“内存变量”，这些变量只是在计算中应用到。注意：我们实验系统采用的“组态王”版本，数据词典中总的变量数不能超过64个；但我们可以在程序中定义中间变量，个数不限，注意这些变量不能与外部设备相连，也不能从屏幕上显示，要想从屏幕输出，必须将这些变量赋予内存变量。

4. 编程

组态王程序设计组态王采用类似C语言的命令语言进行编程，实现调用各种函数、各种算法。在工程管理器的树形结构左边可以进入“命令语言”编辑界面，如图2-4所示：

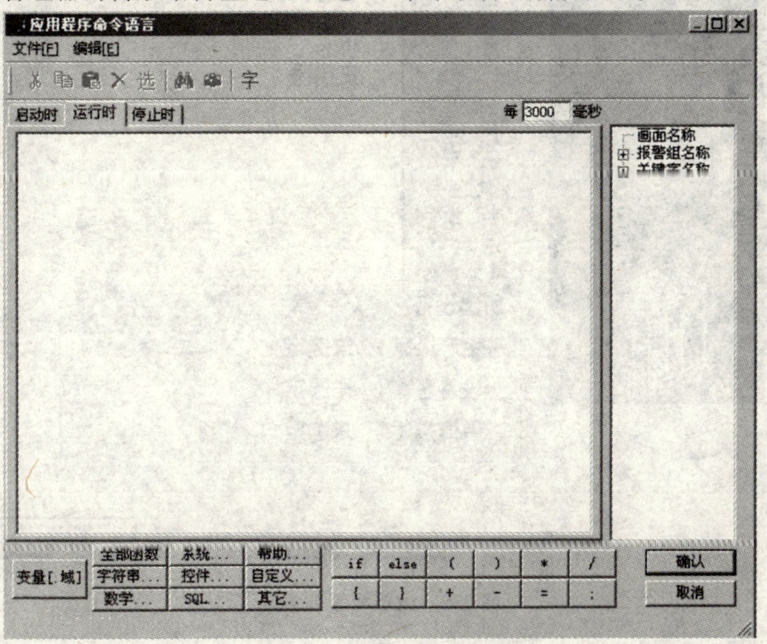


图 2-4 命令语言编辑界面

当选择“运行时”标签时，会有输入执行周期的编辑框“每…毫秒”。输入执行周期，则组态王运行系统运行时，将按照该时间周期性的执行这段命令语言程序，无论打开画面与否。

选择“启动时”标签，在该编辑器中输入命令语言程序，该段程序只在运行系统程序启动时执行一次。

选择“停止时”标签，在该编辑器中输入命令语言程序，该段程序只在运行系统程序退出时执行一次

本实验程序包括两部分：①压力控制系统，采用简单的神经网络 PID 算法；②液位控制系统，采用相对复杂的神经网络 PID 算法。

在系统正式投入运行之前，选取一个确定的数据模型对其进行仿真，若仿真成功则继续下一步，不成功请仔细检查程序。(也就是从模型上取测量值，运算完后，输出到此模型中，并将这些数据从实时、或历史曲线图面输出)。

参数数学模型：

$$yout(k)=\frac{a(k)yout(k-1)}{1-yout^2(k-1)}+u(k-1)$$

式中，系数 $a(k)$是慢时变的，$a(k)=1.2(1-0.8e^{-0.1k})$

5. 定义外部设备

只有在定义了外部设备之后，组态王才能通过 I/O 变量和它们交换数据。因为实验采用模块与外部设备相连，而模块是通过串行口与主控计算机相连的，所以在组态王工程浏览器的左侧选中“COM1”，在右侧双击“新建”，运行“设备配置向导”。如图 2-5 所示：

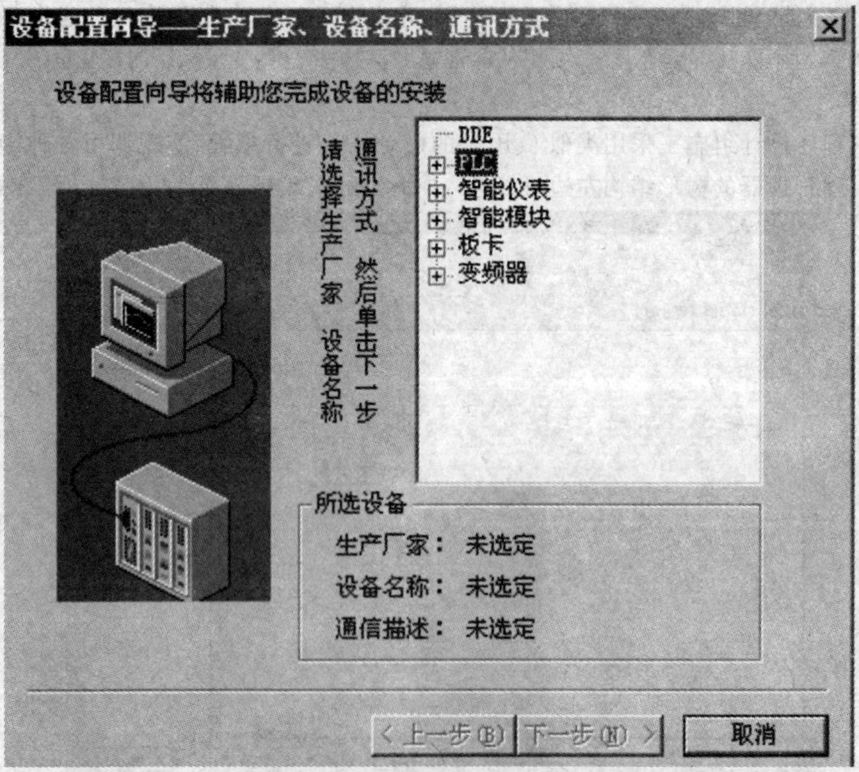


图 2-5　设备配置向导

6. 根据所设定的I/O变量接线，检查无误后接通电源，并将变频器处于外空状态。

7. 运行工程并加入阶跃信号，观察计算机上曲线的变化，并对曲线进行分析，未达到设计要求的可对程序进行改进(可以结合变比例系数的计算机控制方法)。

## 四、实验注意事项

1. 本实验应事先采用matlab仿真，可提高编程的速度。

2. 定义I\O变量时，必须保证区分D/A模块、A/D模块，要注意变量的范围(电压1～5，电流4～20)，还应注意区分读变量、写变量、读写变量。

3. 神经网络很多算法只在0～1之间可控，同时也可避免参数调整过于剧烈。因此，对所有的测量及输出信号要进行比例变换。

例如：被控参数是液位，量程是450 mm，对应的信号输出是1～5伏，阀门输出是0～100%，对应的电信号是4～20 mA。而计算得到是0～1之间，因此要转换。也可以在变量设置过程中实现实现。

## 五、实验报告

附录：

启动时程序：

\\本站点\初始化控制量＝0

运行时程序：

//初始化部分，运行过程中只执行一次，所以在初始化完毕之后必须使“初始化控制变量不为0”

```
if(\\本站点\初始化控制量＝＝0)
{float xite＝0.25;float alfa＝0.05;float aluk;
  float wi11＝－0.6394;float wi12＝－0.8603;float wi13＝－1.0749;
  float wi14＝－0.3625;float wi15＝0.1425;
  float wi21＝－0.2696;float wi22＝－0.2013;float wi23＝0.5543 ;
  float wi24＝－0.0724;float wi25＝－0.0297;
  float wi31＝－0.3756;float wi32＝－0.5024;float wi33＝－1.6820;
  float wi34＝－0.6463;float wi35＝－0.5406;
  float wi41＝－0.7023;float wi42＝－0.2596;float wi43＝－0.5437;
  float wi44＝－0.2859;float wi45＝－0.7660;
  float wi_111＝wi11;float wi_112＝wi12;float wi_113＝wi13;
  float wi_114＝wi14;float wi_115＝wi15;
  float wi_121＝wi21;float wi_122＝wi22;float wi_123＝wi23;
  float wi_124＝wi24;float wi_125＝wi25;
  float wi_131＝wi31;float wi_132＝wi32;float wi_133＝wi33;
  float wi_134＝wi34;float wi_135＝wi35;
  float wi_141＝wi41;float wi_142＝wi42;float wi_143＝wi43;
  float wi_144＝wi44;float wi_145＝wi45;
  float wi_211＝wi11;float wi_212＝wi12;float wi_213＝wi13;
```

```
float wi_214=wi14;float wi_215=wi15;
float wi_221=wi21;float wi_222=wi22;float wi_223=wi23;
float wi_224=wi24;float wi_225=wi25;
float wi_231=wi31;float wi_232=wi32;float wi_233=wi33;
float wi_234=wi34;float wi_235=wi35;
float wi_241=wi41;float wi_242=wi42;float wi_243=wi43;
float wi_244=wi44;float wi_245=wi45;
float wi_311=wi11;float wi_312=wi12;float wi_313=wi13;
float wi_314=wi14;float wi_315=wi15;
float wi_321=wi21;float wi_322=wi22;float wi_323=wi23;
float wi_324=wi24;float wi_325=wi25;
float wi_331=wi31;float wi_332=wi32;float wi_333=wi33;
float wi_334=wi34;float wi_335=wi35;
float wi_341=wi41;float wi_342=wi42;float wi_343=wi43;
float wi_344=wi44;float wi_345=wi45;
float wo11=0.7576;float wo12=-0.1146;float wo13=0.7201;
float wo21=0.2616;float wo22=0.2949;float wo23=0.4566;
float wo31=0.5820;float wo32=0.8352;float wo33=0.7672;
float wo41=-0.1416;float wo42=0.2205;float wo43=0.4962;
float wo51=-0.1325;float wo52=0.4508;float wo53=0.3632;
float wo_111=wo11;float wo_112=wo12;float wo_113=wo13;
float wo_121=wo21;float wo_122=wo22;float wo_123=wo23;
float wo_131=wo31;float wo_132=wo32;float wo_133=wo33;
float wo_141=wo41;float wo_142=wo42;float wo_143=wo43;
float wo_151=wo51;float wo_152=wo52;float wo_153=wo53;
float wo_211=wo11;float wo_212=wo12;float wo_213=wo13;
float wo_221=wo21;float wo_222=wo22;float wo_223=wo23;
float wo_231=wo31;float wo_232=wo32;float wo_233=wo33;
float wo_241=wo41;float wo_242=wo42;float wo_243=wo43;
float wo_251=wo51;float wo_252=wo52;float wo_253=wo53;
float wo_311=wo11;float wo_312=wo12;float wo_313=wo13;
float wo_321=wo21;float wo_322=wo22;float wo_323=wo23;
float wo_331=wo31;float wo_332=wo32;float wo_333=wo33;
float wo_341=wo41;float wo_342=wo42;float wo_343=wo43;
float wo_351=wo51;float wo_352=wo52;float wo_353=wo53;
float x1=0;float x2=0;float x3=0;
float du_1=0; float u_1=0;float u_2=0;float u_3=0;float u_4=0;float u_5=0;
float y_1=0;float y_2=0;float y_3=0;
float oh1=0;float oh2=0;float oh3=0;float oh4=0;float oh5=0;//隐层输出  初始化
float I1=0;float I2=0;float I3=0;float I4=0;float I5=0;//隐层总输入  初始化
```

```
    float error_1=0;float error_2=0;
    float ak;float yout;float error;float xi1;float xi2;float xi3;float xi4;
    float OI1;float OI2;float OI3;float K1;float K2;float K3;float duk;float uk;
    float dyuk;float dk1;float dk2;float dk3;float delta31;float delta32;float delta33;
    float dwo11;float dwo12;float dwo13;float dwo21;float dwo22;float dwo23;
    float dwo31;float dwo32;
    float dwo33;float dwo41;float dwo42;float dwo43;float dwo51;float dwo52;float dwo53;
    float do1;float do2;float do3;float do4;float do5;
    float segma1;float segma2;float segma3;float segma4;float segma5;
    float delta21;float delta22;float delta23;float delta24;float delta25;
    float yyk;
  //压力控制部分
      float uu1;float uu_1=0.0;float uu_2=0.0;float uu_3=0.0;
      float yy_1=0;float yy_2=0;float yy=0;
      float serror_1=0;float serror_2=0;
      float wkp_1=0.10;float wki_1=0.10;float wkd_1=0.10;
      float xitep=0.40;float xitei=0.35;float xited=0.40;
      float xx_1=0;float xx_2=0;float xx_3=0;float wkp;float wki;float wkd;
      float serror;float yy_3; float rrin;float xx_33;float w33_1;
  \\本站点\初始化控制量=1;
  }
  //压力控制
  rrin=压力给定值/10;
  sss=当前压力值/10;
  serror=rrin-sss;
  wkp=wkp_1+xitep*uu_1*xx_1*serror;
  wki=wki_1+xitep*uu_1*xx_2*serror;
  wkd=wkd_1+xitep*uu_1*xx_3*serror;
  xx_1=serror-serror_1;
  xx_2=serror;
  xx_3=serror-2*serror_1+serror_2;
  float wadd=abs(wkp)+abs(wki)+abs(wkd);
  float w11=wkp/wadd;
  float w22=wki/wadd;
  float w33=wkd/wadd;
  float uu_k=uu_1+0.1*(w11*xx_1+w22*xx_2+1*w33*xx_3+0*w33_1*xx_33);
  serror_2=serror_1;serror_1=serror;w33_1=w33;xx_33=xx_3;
  wkp_1=wkp;wki_1=wki;wkd_1=wkd;
  uu_3=uu_2;uu_2=uu_1;uu_1=uu_k;
  yy_3=yy_2;yy_2=yy_1;yy_1=sss;
```

```
\\本站点\变频器给定值=uu_k*10;
//液位控制
yyk=容器2液位给定/100;
调节阀开度=uk*100;//输入、输出比例变换
yout=容器2液位/100;
error=yyk-yout;
//变比例系数控制
if (abs(error)>0.2)aluk=0.42
if (abs(error)<0.2&&abs(error)>0.15)aluk=0.3;
if (abs(error)<0.15&&abs(error)>0.1)aluk=0.25;
if (abs(error)<0.1&&abs(error)>0.05)aluk=0.2;
if (abs(error)<0.05)aluk=0.12;
xi1=yyk;xi2=yout;xi3=error;xi4=1;
x1=error-error_1;x2=error;x3=error-2*error_1+error_2;
I1=xi1*wi11+xi2*wi21+xi3*wi31+xi4*wi41;  //计算隐层输入
I2=xi1*wi12+xi2*wi22+xi3*wi32+xi4*wi42;
I3=xi1*wi13+xi2*wi23+xi3*wi33+xi4*wi43;
I4=xi1*wi14+xi2*wi24+xi3*wi34+xi4*wi44;
I5=xi1*wi15+xi2*wi25+xi3*wi35+xi4*wi45;
oh1=(exp(I1)-exp(-I1))/(exp(I1)+exp(-I1));  //计算隐层输出
oh2=(exp(I2)-exp(-I2))/(exp(I2)+exp(-I2));
oh3=(exp(I3)-exp(-I3))/(exp(I3)+exp(-I3));
oh4=(exp(I4)-exp(-I4))/(exp(I4)+exp(-I4));
oh5=(exp(I5)-exp(-I5))/(exp(I5)+exp(-I5));
OI1=oh1*wo11+oh2*wo21+oh3*wo31+oh4*wo41+oh5*wo51;//计算输出层输入
OI2=oh1*wo12+oh2*wo22+oh3*wo32+oh4*wo42+oh5*wo52;
OI3=oh1*wo13+oh2*wo23+oh3*wo33+oh4*wo43+oh5*wo53;
K1=exp(OI1)/(exp(OI1)+exp(-OI1));//输出层输出
K2=exp(OI2)/(exp(OI2)+exp(-OI2));
K3=exp(OI3)/(exp(OI3)+exp(-OI3));
if(K1<0)K1=0;
if(K2<0)K2=0;
if(K3<0)K3=0;
kp=K1;kd=K3;ki=K2;
duk=(kp*x1+ki*x2+kd*x3)*aluk;
uk=u_1+duk;                    //神经元输出
if (uk>=1) uk=1;
if (uk<0) uk=0
;
//学习算法
```

```
dyuk=sgn((yout-y_1)/(duk-du_1+0.00000001));
//输出层学习算法
dk1=2/((exp(K1)+exp(-K1))*(exp(K1)+exp(-K1)));//g(x)函数求导
dk2=2/((exp(K2)+exp(-K2))*(exp(K2)+exp(-K2)));
dk3=2/((exp(K3)+exp(-K3))*(exp(K3)+exp(-K3)));
delta31=error*dyuk*x1*dk1;  //计算σ_i^3
delta32=error*dyuk*x2*dk2;
delta33=error*dyuk*x3*dk3;
dwo11=xite*delta33*oh5+alfa*(wo_111-wo_211);  //计算dwo
dwo12=xite*delta33*oh5+alfa*(wo_112-wo_212);
dwo13=xite*delta33*oh5+alfa*(wo_113-wo_213);
dwo21=xite*delta33*oh5+alfa*(wo_121-wo_221);
dwo22=xite*delta33*oh5+alfa*(wo_122-wo_222);
dwo23=xite*delta33*oh5+alfa*(wo_123-wo_223);
dwo31=xite*delta33*oh5+alfa*(wo_131-wo_231);
dwo32=xite*delta33*oh5+alfa*(wo_132-wo_232);
dwo33=xite*delta33*oh5+alfa*(wo_133-wo_233);
dwo41=xite*delta33*oh5+alfa*(wo_141-wo_241);
dwo42=xite*delta33*oh5+alfa*(wo_142-wo_242);
dwo43=xite*delta33*oh5+alfa*(wo_143-wo_243);
dwo51=xite*delta33*oh5+alfa*(wo_151-wo_251);
dwo52=xite*delta33*oh5*oh5+alfa*(wo_152-wo_252);
dwo53=xite*delta33*oh5+alfa*(wo_153-wo_253);
wo11=wo_111+dwo11;wo12=wo_112+dwo12;wo13=wo_113+dwo13;
wo21=wo_121+dwo21;wo22=wo_122+dwo22;wo23=wo_123+dwo23;
wo31=wo_131+dwo31;wo32=wo_132+dwo32;wo33=wo_133+dwo33;
wo41=wo_141+dwo41;wo42=wo_142+dwo42;wo43=wo_143+dwo43;
wo51=wo_151+dwo51;wo52=wo_152+dwo52;wo53=wo_153+dwo53;
//隐藏层学习算法
do1=4/((exp(I1)+exp(-I1))*(exp(I1)+exp(-I1)));
do2=4/((exp(I2)+exp(-I2))*(exp(I2)+exp(-I2)));
do3=4/((exp(I3)+exp(-I3))*(exp(I3)+exp(-I3)));
do4=4/((exp(I4)+exp(-I4))*(exp(I4)+exp(-I4)));
do5=4/((exp(I5)+exp(-I5))*(exp(I5)+exp(-I5)));
segma1=delta31*wo11+delta32*wo12+delta33*wo13;
segma2=delta31*wo21+delta32*wo22+delta33*wo23;
segma3=delta31*wo31+delta32*wo32+delta33*wo33;
segma4=delta31*wo41+delta32*wo42+delta33*wo43;
segma5=delta31*wo51+delta32*wo52+delta33*wo53;
delta21=do1*segma1;
```

```
delta22=do2*segma2;
delta23=do3*segma3;
delta24=do4*segma4;
delta25=do5*segma5;
wi11=wi_111+alfa*(wi_111-wi_211)+xite*delta21*xi1;
wi12=wi_112+alfa*(wi_112-wi_212)+xite*delta22*xi1;
wi13=wi_113+alfa*(wi_113-wi_213)+xite*delta23*xi1;
wi14=wi_114+alfa*(wi_114-wi_214)+xite*delta24*xi1;
wi15=wi_115+alfa*(wi_115-wi_215)+xite*delta25*xi1;
wi21=wi_121+alfa*(wi_121-wi_221)+xite*delta21*xi2;
wi22=wi_122+alfa*(wi_122-wi_222)+xite*delta22*xi2;
wi23=wi_123+alfa*(wi_123-wi_223)+xite*delta23*xi2;
wi24=wi_124+alfa*(wi_124-wi_224)+xite*delta24*xi2;
wi25=wi_125+alfa*(wi_125-wi_225)+xite*delta25*xi2;
wi31=wi_131+alfa*(wi_131-wi_231)+xite*delta21*xi3;
wi32=wi_132+alfa*(wi_132-wi_232)+xite*delta22*xi3;
wi33=wi_133+alfa*(wi_133-wi_233)+xite*delta23*xi3;
wi34=wi_134+alfa*(wi_134-wi_234)+xite*delta24*xi3;
wi35=wi_135+alfa*(wi_135-wi_235)+xite*delta25*xi3;
wi41=wi_141+alfa*(wi_141-wi_241)+xite*delta21*xi4;
wi42=wi_142+alfa*(wi_142-wi_242)+xite*delta22*xi4;
wi43=wi_143+alfa*(wi_143-wi_243)+xite*delta23*xi4;
wi44=wi_144+alfa*(wi_144-wi_244)+xite*delta24*xi4;
wi45=wi_145+alfa*(wi_145-wi_245)+xite*delta25*xi4;
//数据更新
du_1=duk;u_5=u_4;u_4=u_3;u_3=u_2;u_2=u_1;u_1=uk;
y_3=y_2;y_2=y_1;y_1=yout;
wo_311=wo_211;wo_312=wo_212;wo_313=wo_213;
wo_321=wo_221;wo_322=wo_222;wo_323=wo_223;
wo_331=wo_231;wo_332=wo_232;wo_333=wo_233;
wo_341=wo_241;wo_342=wo_242;wo_343=wo_243;
wo_351=wo_251;wo_352=wo_252;wo_353=wo_253;
wo_211=wo_111;wo_212=wo_112;wo_213=wo_113;
wo_221=wo_121;wo_222=wo_122;wo_223=wo_123;
wo_231=wo_131;wo_232=wo_132;wo_233=wo_133;
wo_241=wo_141;wo_242=wo_142;wo_243=wo_143;
wo_251=wo_151;wo_252=wo_152;wo_253=wo_153;
wo_111=wo11;wo_112=wo12;wo_113=wo13;
wo_121=wo21;wo_122=wo22;wo_123=wo23;
wo_131=wo31;wo_132=wo32;wo_133=wo33;
```

```
wo_141=wo41;wo_142=wo42;wo_143=wo43;
wo_151=wo51;wo_152=wo52;wo_153=wo53;
wi_311=wi_211;wi_312=wi_212;wi_313=wi_213;wi_314=wi_214;wi_315=wi_215;
wi_321=wi_221;wi_322=wi_222;wi_323=wi_223;wi_324=wi_224;wi_325=wi_225;
wi_331=wi_231;wi_332=wi_232;wi_333=wi_233;wi_334=wi_234;wi_335=wi_235;
wi_341=wi_241;wi_342=wi_242;wi_343=wi_243;wi_344=wi_244;wi_345=wi_245;
wi_211=wi_111;wi_212=wi_112;wi_213=wi_113;wi_214=wi_114;wi_215=wi_115;
wi_221=wi_121;wi_222=wi_122;wi_223=wi_123;wi_224=wi_124;wi_225=wi_125;
wi_231=wi_131;wi_232=wi_132;wi_233=wi_133;wi_234=wi_134;wi_235=wi_135;
wi_241=wi_141;wi_242=wi_142;wi_243=wi_143;wi_244=wi_144;wi_245=wi_145;
wi_111=wi11;wi_112=wi12;wi_113=wi13;wi_114=wi14;wi_115=wi15;
wi_121=wi21;wi_122=wi22;wi_123=wi23;wi_124=wi24;wi_125=wi25;
wi_131=wi31;wi_132=wi32;wi_133=wi33;wi_134=wi34;wi_135=wi35;
wi_141=wi41;wi_142=wi42;wi_143=wi43;wi_144=wi44;wi_145=wi45;
error_2=error_1;error_1=error;
```

停止时程序：

```
压力给定值=0;
\\本站点\变频器给定值=0
```

# 附录 A　实验装置的认识及使用

## 一、调节器

### 一、概述

调节器是根据被调量与设定值之间的偏差，按一定的控制规律产生输出信号，推动执行器，对生产过程自动调节的智能仪表。本实验台上的三台调节器是上海万迅仪表有限公司生产的 AI 全通用人工智能调节器，分别是 708 型和 818 型。其中 708 是模糊控制型，818 是 PID 控制型(图 1-1)。

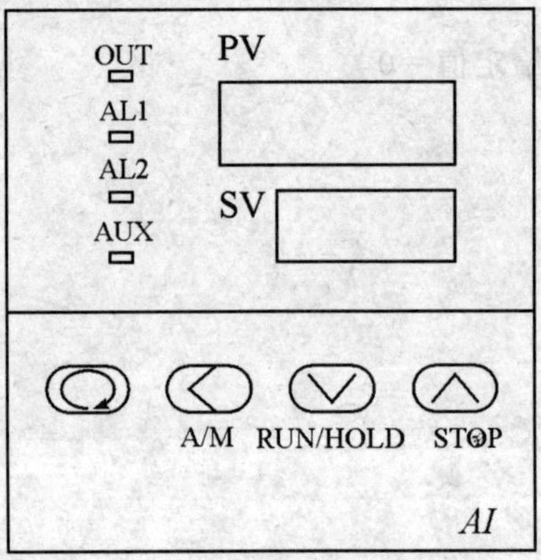


图 1-1　调节器

1. OUT　调节输出指示灯
2. AL1　报警 1 指示灯
3. AL2　报警 2 指示灯
4. AUX　AUX 辅助接口工作指示灯
5. 　显示转换(兼参数设置进入)
6. 　数据移位(兼手动/自动切换)
7. 　数据减少/增加键
8. PV　测量值显示窗
9. SV　设定值显示窗

AI 708 型和 AI 818 型调节器都是数字式调节器。数字式调节器是以微处理器为核心构成的。基于微处理器的运算和控制能力，数字式调节器具有丰富的控制功能。

(一)数字式调节器的工作原理

生产过程的被控物理量,即检测参数,在传感器转换为模拟信号后,经过 A/D 模块转换为数字信号,送入微处理器中根据特定的控制算法进行运算。处理后所得的控制量,经驱动放大电路转化为标准输出信号,输出到执行器(图 1-2)。

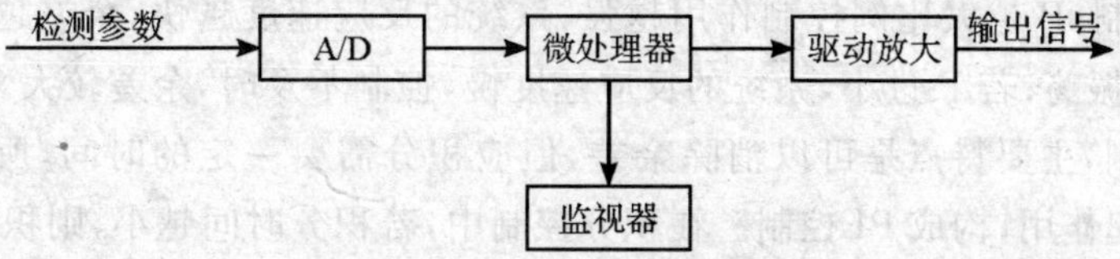


**图 1-2　数字式调节器工作原理**

数字式调节器,其内部以数字量形式进行运算,对外的输入、输出信号与电动单元组合仪表一样,采用输入 1～5 V 直流、输出 4～20 mA 的模拟量信号。除此之外,数字式调节器还继承了旧有的电动单元组合仪表的外形尺寸,控制面板与电动单元组合仪表极为相似,指示表头和操作按键也与电动单元组合仪表一致。所以,对习惯于常规控制器的操作人员来说,不需要改变操作习惯即可适应数字式调节器。

(二)数字 PID 算法

模拟控制系统中,PID 控制器的控制规律为:

$$u(t) = K_P\left[e(t) + \frac{1}{T_I}\int_0^t e(t)\mathrm{d}t + \frac{T_D\mathrm{d}e(t)}{\mathrm{d}t}\right] \quad (式 1-1)$$

而在数字控制系统中,微处理器只能计算离散的数字量,对于连续变化的模拟量必须首先采样、量化,变为数字量再计算。因此式 1－1 所述的微分方程对于数字控制系统是不适宜的,必须将其转换为差分方程。

由于:

$$\int e\mathrm{d}t = \sum_{i=0}^{n} e_i\Delta t = T\sum_{i=0}^{n} e_i \quad (式 1-2)$$

$$\frac{\mathrm{d}e}{\mathrm{d}t} = \frac{e_n - e_{n-1}}{\Delta t} = \frac{e_n - e_{n-1}}{T} \quad (式 1-3)$$

式 1－2、式 1－3 中,$\Delta t$ 为采样一次的间隔时间,即采样周期 $T$。$i$ 和 $n$ 为采样序号。

将式 1－2、式 1－3 代入式 1－1,可得第 $n$ 次阀位输出为:

$$\Delta u_n = K_p\left[e_n + \frac{T}{T_I}\sum_{i=0}^{n} e_i + \frac{T_D}{T}(e_n - e_{n-1})\right] \quad (式 1-4)$$

同理可以求出,第 n－1 次阀位输出为:

$$\Delta u_{n-1} = K_P\left[e_{n-1} + \frac{T}{T_I}\sum_{i=0}^{n-1} e_i + \frac{T_D}{T}(e_{n-1} - e_{n-2})\right] \quad (式 1-5)$$

将式 1－4 与式 1－5 相减,可得到第 n 次阀位输出相对于第 n－1 次阀位输出的增量,即:

$$\Delta u_n = K_P\left[(e_n - e_{n-1}) + \frac{1}{T_I}e_n + \frac{T_D}{T}(e_n - 2e_{n-1} + e_{n-2})\right] \quad (式 1-6)$$

式 1－6 中 $\Delta u_n$ 为对应于阀位的增量。式 1－6 这种数字 PID 算式被称为增量型算式。增量式 PID 算式的输出只取决于最近几次采样值,程序运行所需的内存比较小,运算比较简单。

增量式 PID 算式每次只输出增量值，若有误动作，影响比较小。采用增量式 PID 算式容易实现自动和手动控制之间的无扰动切换。一旦控制器出现故障，停止输出，由于执行器具有保持能力，阀位能保持在故障前的状态。

(三)PID 参数对控制系统性能的影响

P 为比例控制，P 越大比例控制作用越强，系统的反应速度越快，余差越小，但若 P 过大，会造成系统发散振荡；若 P 过小，系统的反应速度慢，控制不及时，余差较大。

I 为积分控制，主要特点是可以消除余差，但应积分需要一定的时间，所以控制动作相对缓慢，常与 P 一起作用，构成 PI 控制。在积分控制中，若积分时间越小，则积分作用越强，系统消除余差的速度越快，但过快会引起系统的剧烈振荡。

D 为微分控制，主要特点是具有超前控制的功能，但只有在偏差有变化的时候起作用，因而不能消除偏差，不能单独使用，常与 P 或 PI 一起作用，构成 PI 控制或 PID 控制。在微分控制中，若微分时间越长，则微分作用越强，则系统的调节速度越快，但作用越强，同样会给系统带来剧烈振荡。

## 二、调节器的基本使用方法

1. 显示切换：按⟲键可以切换不同的显示状态，SV 显示设定值与 SV 显示输出值(输出电流范围的百分数)。708 型只能显示给定值。818 型可以在两种状态下切换。

2. 修改数据：如果参数锁没有锁上，可以通过◁、▽、△修改 SV 窗口的设定值。

3. 手动/自动切换：818 型在显示输出值的状态下，按 A/M(既◁)键，可以使仪表在自动及手动两种状态下进行无扰动切换。通过对 run 参数设置，也可使仪表不允许由面板按键操作切换至手动状态。

4. 设置参数：按⟲键并保持 2 秒钟，既进入参数设置状态。在参数设置状态下按⟲键，仪表将依次显示各参数。可通过◁、▽、△修改参数。按◁键并保持不放，可返回显示上一参数。先按◁键不放再按⟲键可退出参数设置状态。如无按键操作，约 30 秒后自动退出设置参数状态。

## 三、常用参数及接线方法

(一)调节器的常用参数

1. Ctrl　控制方式。CTRL＝2，启动自整定。CTRL＝3，正常控制状态。

2. Sn　输入规格。SN＝33，给定值控制，1～5 V 电压输入。SN＝32，随动控制，0.2～1 V电压输入。

3. Dip　小数位数。DIP＝0，小数点位数为 0。

4. Opl　输出方式。OPL＝4，4～20 mA 线性电流输出。

5. Dih　输出上限。做液位控制时，DIH＝450。做温度、流量、压力控制时，DIH＝100。

6. Dil　输入下限。一般情况下，DIH＝0。

7. CF　系统功能选择。单回路控制 CF＝2。需要外部给定时 CF＝8。

8. Run　运行状态选择。Run＝0，手动调节状态。RUN＝1，自动调节状态。

（二）调节器的接线

本实验设备将调节器的 8 个接线端子引出到控制台面板上（图 1-3），其端口功能如下：
1——2　端 1～5 V 电压输入端
3——4　端 0.2～1 V 电压输入端
7——8　端 4～20 mA 电流输出端
9——10　端 4～20 mA 电流输出端

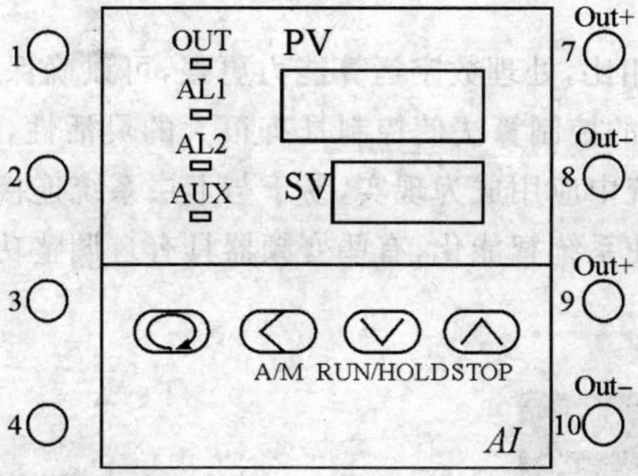


图 1-3　调节器的接线端子

## 四、调节器技术规格

1. 输入规格（模拟量输入）
热电偶：K、S、E、J、T、B、N。
热电阻：Cu50、Pt100。
线性电压：0～5 V、1～5 V、0～1 V、0～100 mV、0～20 mV。
线性电流（需外接分流电阻）：0～10 mA、0～20 mA、4～20 mA。
2. 控制方式
PID 控制电流/电压输出　　PID 控制继电器开关量输出。
PID 正转/反转阀位控制　　位式 ON/OFF 带回差。
3. 输出规格（模拟量输出）
0～10 mA（负载电阻小于≤750 Ω）。
4～20 mA（负载电阻小于≤500 Ω）。
0～ 5 V（输出电阻小于≤250 Ω）。
1～ 5 V（输出电阻小于≤250 Ω）。
4. 电源功率。220 $V_{AC}$/50～60 Hz 电源，功率≤5 W。

# 二、变频器、水泵

## 一、概述

变频器是把电压和频率固定不变的交流电变换为电压或频率可变的交流电的装置。
为了产生可变的电压和频率，首先要把电源的交流电变换为直流电（DC），再把直流电变换为交流电(AC),经过变换产生的交流电是可以控制其电压或频率的。这样的装置,叫做"逆变器"(inverter)。由于变频器设备中产生变化的电压或频率的主要装置是这种逆变器,所以该产品就被命名为"inverter",即我们所说的变频器。

微处理器的进步使数字控制成为现代控制器的发展方向。运动控制系统是快速系统,特别是交流电动机高性能的控制需要存储多种数据和快速实时处理大量信息。近几年来,国外各大公司纷纷推出以DSP(数字信号处理器)为基础的内核,配以电机控制所需的外围功能电路,集成在单一芯片内的称为DSP单片电机控制器,价格大大降低,体积缩小,结构紧凑,使用便捷,可靠性提高。

DSP和普通的单片机相比,处理数字运算能力更强,可以确保系统有更优越的控制性能。数字控制使硬件简化,柔性的控制算法使控制具有很大的灵活性,可实现复杂控制规律,使现代控制理论在运动控制系统中应用成为现实,易于与上层系统连接进行数据传输,便于故障诊断、加强保护和监视功能,使系统智能化,有些变频器具有自调整功能。

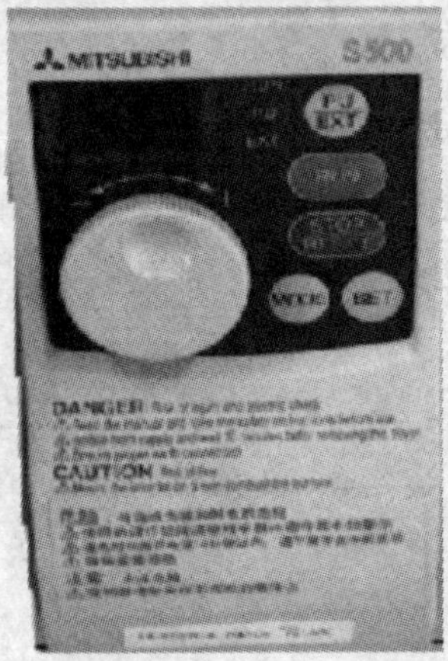


图 2-1-a 三菱 FR-S520 变频器

图 2-1-b 格兰富水泵

本实验系统采用丹麦格兰富循环水泵,噪音低,不会影响授课,扬程10 m,使用220 V电源。在水泵出水口装有压力变送器,与变频器一起可构成恒压供水系统

## 二、变频器的工作原理

变频器主要由整流器、逆变器、中间直流环节和控制电路四部分组成(图 2-2)。

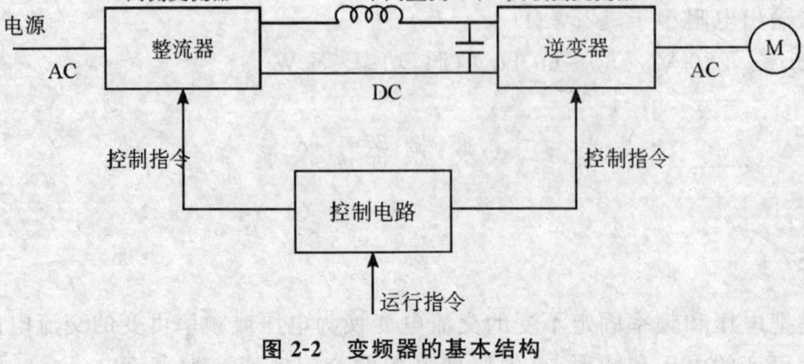


图 2-2 变频器的基本结构

1. 整流器:电网侧的变流器 1 是整流器,它的作用是把三相(也可以是单相)的交流电整流成直流。

2. 逆变器:负载侧的变流器 2 称为逆变器。最常用的结构是利用 6 个半导体开关器件组成的三桥式逆变电路。有规律的控制逆变器中各主要开关的通与断,可以得到任意频率的三相交流输出(图 2-3)。

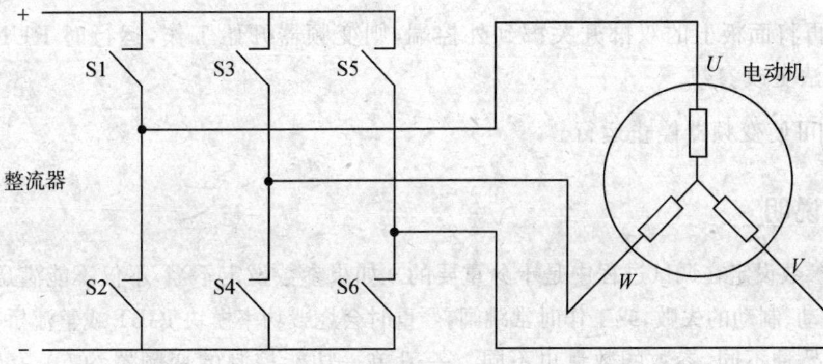


图 2-3 三相逆变器等效电路

3. 中间直流环节:由于逆变器的负载是电动机,中间环节与电动机之间总有无功功率的交换,这种无功能量要靠中间直流环节的储能元件来缓冲。所以中间直流环节又称为中间直流储能环节。

4. 控制电路:控制电路通常由运算电路,检测电路,控制信号的输入、输出和驱动电路等构成。控制方法有模拟控制和数字控制。高性能的变频器目前已采用微处理器进行全数字控制。

变频器的工作原理被广泛应用于各个领域。用于电机控制的变频器,既可以改变电压,又可以改变频率。

变频调速的基本控制方式

由电机拖动可知,交流异步感应电机的转速、电势和转矩公式分别为:

$$n=\frac{60f(1-s)}{p} \quad \text{(式 2－1)}$$

$$E_1=C_E f_1 \Phi \quad \text{(式 2－2)}$$

$$T=C_T I_2 \Phi \quad \text{(式 2－3)}$$

式中,$E_1$ 为相电势,$C_E$ 为电势常数,$C_T$ 为转矩常数,$I_2$ 为转子电流。

若连续改变定子电流频率 $f_1$,则可以对应的改变电机的参数。

在频率增加而电压保持不变的情况下,随着转速升高,气隙磁通 $\Phi$ 将减少,导致电流允许输出的转矩下降。反之,在频率减小而电压保持不变的情况下,随着转速下降,气隙磁通 $\Phi$ 将增多导致电机磁路饱和,会加剧损耗、恶化运行条件。

由公式 2－2 可知,$\Phi$ 由 $E_1$ 和 $f_1$ 共同决定,只要对 $E_1$ 和 $f_1$ 进行适当的控制,就可以使气隙磁通 Φ 保持额定值不变。

## 三、变频器的基本使用方法

上电后,将控制台上变频器的内、外控双掷开关掷到内控端,则可以设置参数,或直接使用变频器进行控制。当双掷开关掷到外控时,变频器将接受外部信号,由 4～20 mA 的电流来控制频率的大小。

当处于内控状态时，PU 灯点亮。旋转(O)可设置频率，按(RUN)键即可运行。运行时 RUN 灯点亮。

实行外控时需在变频器内控状态下，将变频器工作方式设为外控，即按按(PU/EXT)键，使 EXT 灯点亮，再将面板上的双掷开关掷到外控端，则变频器开始工作，运行时 RUN 灯点亮。外控状态下无法更改参数。

按(STOP/RESET)可使变频器停止运行。

### 四、参数说明

变频器的参数设定在调试过程中是十分重要的。如果参数设定不当，不仅不能满足生产的需要，还会导致启动、制动的失败，或工作时常跳闸，严重时会烧毁功率模块 IGBT 或整流桥等器件。

变频器的品种不同，参数的数量也不同。一般单一功能控制的变频器约 50～60 个参数，多功能控制的变频器有 200 个以上的参数。不论参数多或少，在调试中并不需要要把全部的参数重新调整，大多数可以不做改动，只要按出厂值就可以满足使用要求。

我们使用变频器，只要重新设定原出厂值与实际情况不合适的那部分参数即可。通常只要调整外部端子操作、模拟量操作、基底频率、最高频率、上限频率、下限频率、启动时间、制动时间(及方式)、热电子保护、过流保护、载波频率、失速保护和过压保护等。这些参数必须与实际情况一致。如果运转不合适时，还应该调整其他参数。

## 三、电动调节阀

### 一、概述

调节阀是自动控制系统中的作用相当于人的四肢，它接受调节器的控制信号，改变操纵变量，使生产过程按预定要求正常执行。国际电工委员会(IEC)对调节阀(国外称控制阀 Control Valve)的定义为："工业过程控制系统中有驱动装置的终端控制元件，它包含一个内部组件可改变流体流率的阀体部件和一个可响应控制元件信号的执行机构。"由于其原理简单，操作比较单一，因而人们常常会轻视这一环节。但是执行器大多都安装在生产现场，长年与生产中的各种介质直接接触，并时常工作在高温、高压、深冷、强腐蚀等恶劣环境，所以要保持其安全运行也不是容易的事情，因此，可以说调节阀常常是控制系统最薄弱的环节。

调节阀按其使用的能源可分为气动、电动和液动三类。常规情况下三种调节阀的主要特性比较如下：

| 主要特性 | 气动 | 液动 | 电动 |
|---|---|---|---|
| 系统结构 | 简单 | 简单 | 复杂 |
| 安全性 | 好 | 好 | 较差 |
| 响应时间 | 慢 | 快 | 较快 |
| 推动力 | 适中 | 较大 | 较小 |

续表

| 主要特性 | 气动 | 液动 | 电动 |
|---|---|---|---|
| 维护难度 | 方便 | 较方便 | 有难度 |
| 价格 | 便宜 | 便宜 | 较贵 |

气动调节阀以压缩空气为能源，结构简单，动作可靠，执行速度快，维修方便且价格低廉。但与 DDZ 仪表组合，需要安装电一气转换器，且需要一套产生标准气源的装置；液动的最大特点就是推力大；电动调节阀精度高，技术先进，体积小、重量轻，功能强，控制单元与电动执行机构一体化，可靠性高、操作方便。本实验装置采用电动调节阀。

## 二、电动调节阀的工作原理

电动调节阀分为执行机构和调节机构两部分，执行机构接受来自调节器 4～20 mA 的直流电流信号，并将其转换成相应的角位移或直行程位移，去操纵阀门、挡板等调节机构，以实现自动调节。

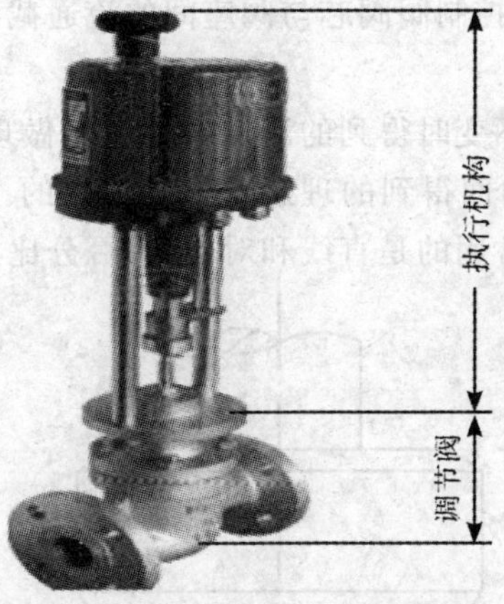


图 3-1　电动调节阀外形机构

1. 执行机构

执行机构分为角行程和直线行程两种，本实验装置采用的电动调节阀为直线行程，因此，这里仅介绍直线行程电动机工作原理。

直线行程执行机构是以电动机为动力元件，将输入的直流电流信号转换为相应的位移去操纵直通单座等线性调节阀。它主要由伺服放大器、伺服电动机、减速器、位置发送器和操纵器组成。如图 3-2 所示：

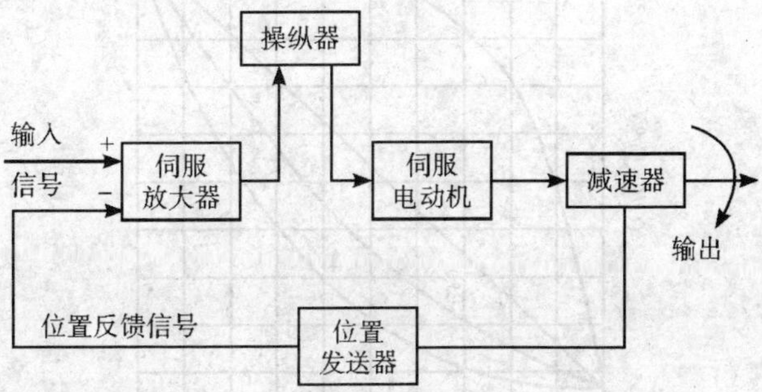


图 3-2

工作过程大致如下：

伺服放大器将由调节器来的输入信号与位置反馈信号进行比较，当无信号输入时，由于位置反馈信号也为零，放大器无输出，电动机不转；如有信号输入，且与反馈信号比较产生偏差，使放大器有足够的输出功率，驱动伺服电动机，经减速后使减速器的输出轴转动，直到与输出轴相连的位置发送器的输出电流与输入电流相等为止。此时输出轴就稳定在与该输入信号相对应的位置上。

2. 调节机构

调节机构实际上是一个局部阻力可以改变的节流元件，通常也叫做调节阀。根据不同的使用场合和使用要求，可以选择不同的调节阀的结构形式，

(1)控制阀的流量特性

控制阀的流量特性是指介质流过控制阀阀门的相对流量与相对开度(即阀的相对位移)之间的关系。其数学表达式为：

$$\frac{Q}{Q_{\max}}=f\left(\frac{l}{L}\right)$$

从过程控制的角度看，流量特性是控制阀最重要的特性，它对整个过程控制系统的品质有很大影响。一般来说，通过改变控制阀阀芯与阀座间的流通截面积，便可实现对流量的控制。

理想流量特性

当控制阀阀前后压差固定不变时得到的流量特性就叫做理想流量特性，理想流量特性取决于阀芯的形状，不同的阀芯曲面得到的理想特性是不同的。理想流量特性主要有直线、对数、抛物线和快开四种，但比较常用的是直线和对数(等百分比)特性。

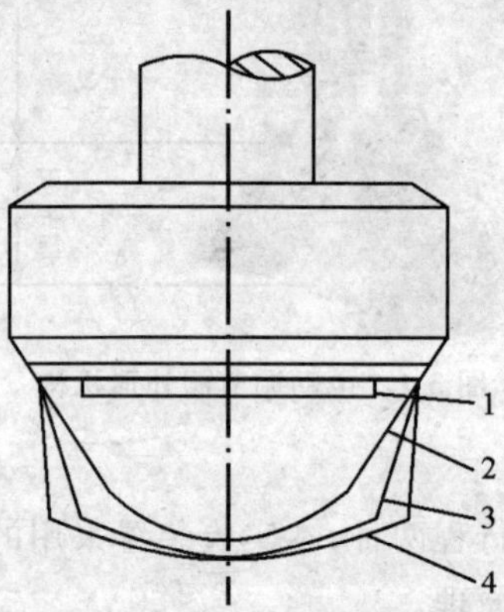


1—快开；2—直线；3—抛物线；4—等百分比

其对应的曲线为：

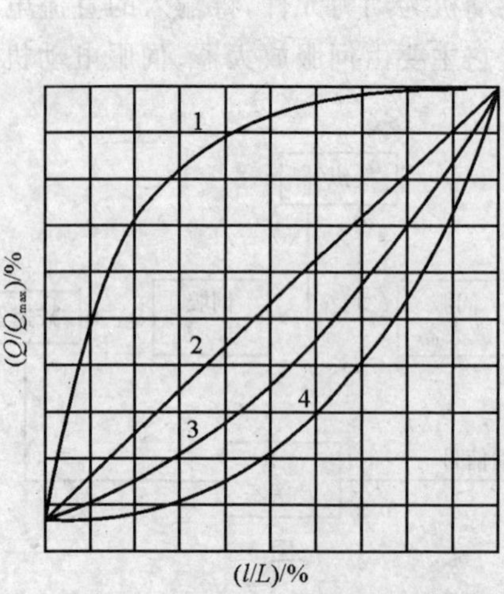

具体的曲线表达式为：

①直线流量特性

控制阀的相对流量与阀芯的相对开度成直线关系，即单位位移变化所引起的流量变化是常数。

$$\frac{d\left(\frac{Q}{Q_{\max}}\right)}{d\left(\frac{l}{L}\right)}=K$$

对上式整理并积分得

$$\frac{Q}{Q_{\max}}=K\frac{l}{L}+C$$

并带入边界条件

$$l=0\text{ 时},Q=Q\min;\ l=L\text{ 时 }Q=Q\max$$

可得

$$C=\frac{Q_{\min}}{Q_{\max}}=\frac{1}{R},K=1-C=1-\frac{1}{R}$$

代入上式，得：

$$\frac{Q}{Q_{\max}}=\frac{1}{R}\left[1+(R-1)\frac{l}{L}\right]$$

此式表明：相对位移和相对流量呈线性关系。因此，具有直线特性的调节阀，其阀单位位移的变化所引起的流量变化是相等的。但它的相对变化值（单位位移的变化所引起的流量变化与起始流量之比）是随调节阀的开度而改变大的（见图曲线 2），即在开度小时，流量相对变化值大；而在开度大时，流量相对变化值小。也就是说，当阀门在小开度时调节作用太强，易产生振荡；而在大开度时调节作用太弱，灵敏度低，调节缓慢。

说明：R 称为调节阀的可调范围或可调比；$Q_{\min}$不等于控制阀全关时的泄漏量，一般是$Q_{\max}$的 2%～4%。

②对数（等百分比）流量特性

阀杆的相对位移变化所引起的相对流量变化与该点的相对流量成正比，即控制阀的放大系数随相对流量的增加而增大。

$$\frac{d\left(\frac{Q}{Q_{\max}}\right)}{d\left(\frac{l}{L}\right)}=K\frac{Q}{Q_{\max}}$$

两边积分得：

$$\ln\frac{Q}{Q_{\max}}=K\frac{l}{L}+C$$

带入边界条件

$$C=\ln\frac{Q_{\min}}{Q_{\max}}=\ln\frac{1}{R}=-\ln R,K=\ln R$$

可得

$$\frac{Q}{Q_{\max}}=R^{\frac{l}{L}-1}$$

此式表明相对开度与相对流量成对数关系（相对流量和相对开度成指数关系），因此，其曲线称为对数流量曲线(图曲线 4)。从曲线上也可得:曲线斜率随行程得增大而增大,但它的流量相对变化值是相等的,即流量变化的百分比是相等的,因此其曲线也称为等百分比曲线。也就是说,在同样的行程下,流量小时,流量变化小,调节平稳;流量大时,流量变化大,调节灵敏有效。从整个过程控制看,利用对数流量特性是有利的。本实验装置的阀即为等百分比特性。

③抛物线流量特性

相对流量与阀杆的相对开度成抛物线关系,即平方关系(图曲线 4)。

$$\frac{Q}{Q_{\max}}=\frac{1}{R}\left[1+(\sqrt{R}-1)\frac{l}{L}\right]^2$$

④快开流量特性(见曲线 1)

在小开度时流量就比较大,随着开度的增大,流量很快达到最大。快开特性的阀芯形式是平板形的,适用于迅速启闭的切断阀或双位调节阀。

工作流量特性

实际应用中,控制阀与其他设备串联或并联安装在管道中,其前后的压差是变化的,此时的流量特性称为工作特性。理想流量特性会因控制阀前后压差遭受阻力损失而畸变成工作流量特性。

(2)控制阀的选择

控制阀的选择,主要是流量特性、流通能力以及气开、气关形式和结构的选择。选择时要根据流体性质、工艺条件和控制要求,参考各种控制阀的特点,选择合适的结构形式。

①控制阀结构与特性的选择

控制阀的结构形式主要根据工艺条件来进行选择,如考虑介质的物理和化学性质,以及温度压力等条件。控制阀的结构形式确定后,接下来需要确定其流量特性。控制阀流量特性的选择一般分两步进行。首先按照过程控制系统的要求,确定工作流量特性,再根据流量特性曲线的畸变程度以及工艺要求和工艺配管情况,确定理想流量特性。

②控制阀作用方式的选择

有压力信号时阀关,无压力信号时阀开为气关式执行器;反之,则为气开式。

气开、气关的选择主要是考虑在不同生产工艺条件下安全生产的要求。考虑的原则是:信号压力中断时,应保证设备和工作人员的安全。

③控制阀口径的选择

调节阀口径选择得合适与否将会直接影响调节效果。口径选择得过小,会使流经调节阀得介质达不到所需要得最大流量,在大的干扰情况下,系统会因介质流量(操作变量的介质)的不足而失控,因而使调节效果变差。口径选择过大,不仅会浪费设备投资,而且会使调节阀经常处于小开度工作,调节性能也会变差,容易使调节系统变得不稳定。

## 三、调节阀的分类与使用

调节阀的分类通常既参照原理、作用,又参照结构划分。目前调节阀一般分为十个大类,其流量特性如下:

1. 单座调节阀:直线、快开、对数
2. 双座调节阀:直线、快开
3. 套筒调节阀:直线、快开、对数
4. 角形调节阀:直线、快开、对数

5. 隔膜调节阀：快开

6. 三通调节阀：直线、对数

7. 蝶阀：近似等百分比特性

8. 球阀：O 型快开 V 型对数 U 型直线

9. 偏心旋转阀：近似等分比

10. 全功能调节阀：近似等百分比

其中，前 6 种为直行程阀，后 4 种为角行程阀，这十种产品亦是最基本的产品，也称为普通产品、基型产品或标准产品。各种各样的特殊产品、专用产品都是在这十类产品的基础上改进变型出来的。

本实验系统采用的电动调节阀技术规格如下：

电源：220 $V_{AC}$　50 Hz　　功耗：5 W

输入信号：4～20 mA　　输入阻抗：100 Ω（4～20 $mA_{DC}$）

输出信号：4～20 mA（阀位信号）

环境温度：－20℃～＋70℃　　重复精度：±1%

# 四、电磁流量计、流量转换器

## 一、概述

电磁流量计（EMF）是利用法拉第电磁感应定律制成的一种测量导电液体体积流量的仪表。20 世纪 70 年代以来出现键控低频矩形波激磁方式，逐渐替代早期应用的工频交流激磁方式，仪表性能有了很大提高，电磁流量计得到更为广泛的应用。

## 二、电磁流量计的工作原理

电磁流量计的基本原理是法拉第电磁感应定律，即导体在磁场中切割磁力线运动时在其两端产生感应电动势。

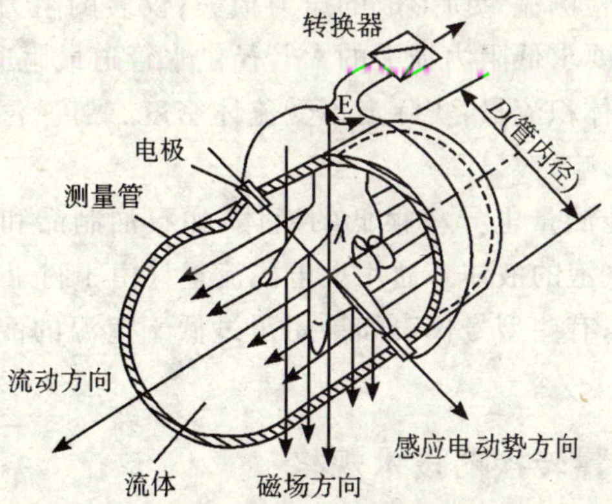


图 1-1　测量原理

如图 4-1 所示，导电性液体在垂直于磁场的非磁性测量管内流动，与流动方向垂直的方向上产生与流量成比例的感应电势，电动势的方向按“弗来明右手规则”，其值如下式：

$$E = k\,B\,D\,\overline{V} \quad \text{(公式 4-1)}$$

式中，$E$：感应电动势，即流量信号。

$k$：系数。

$B$：磁感应强度。

$D$：测量管内径。

$\overline{V}$：平均流速。

设液体的体积流量为 $Q$，则 $Q=\frac{\pi D^2 \overline{V}}{4}$（公式 4－2）。

由式 4－1、式 4－2 可得，$Q=\frac{E}{K}$，式中 $K$ 为仪表常数，$K=\frac{4KN}{\pi D}$。

电磁流量计由流量传感器和转换器两大部分组成。传感器典型结构示意如图 4-2，测量管上下装有激磁线圈，通激磁电流后产生磁场穿过测量管，一对电极装在测量管内壁与液体相接触，引出感应电势，送到转换器。激磁电流则由转换器提供。

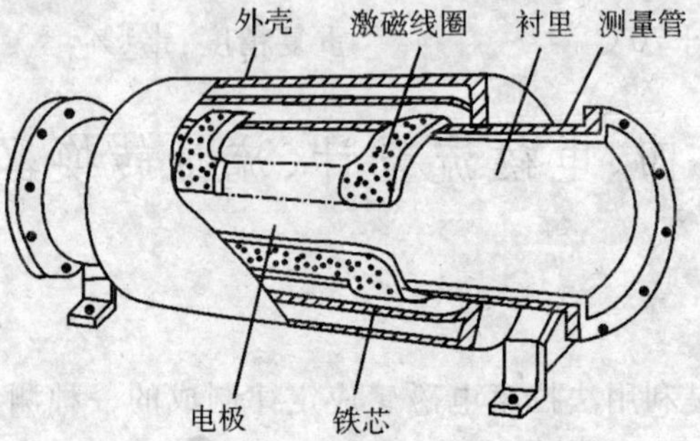


图 4-2　传感器结构

## 三、电磁流量计的使用

电磁流量计的测量通道是一段无阻流检测件的光滑直管，因不易阻塞适用于测量含有固体颗粒或纤维的液固二相流体，如纸浆、煤水浆、矿浆、泥浆和污水等。

电磁流量计不产生因检测流量所形成的压力损失，仪表的阻力仅是同一长度管道的沿程阻力，节能效果显著，对于要求低阻力损失的大管径供水管道最为适合。

电磁流量计所测得的体积流量，实际上不受流体密度、黏度、温度、压力和电导率（只要在某阈值以上）变化明显的影响。

但是，电磁流量计不能测量电导率很低的液体，如石油制品和有机溶剂等。不能测量气体、蒸汽和含有较多较大气泡的液体。通用型电磁流量计由于衬里材料和电气绝缘材料限制，不能用于较高温度的液体；有些型号仪表如果用于过低于室温的液体，会因测量管外凝露（或霜）而破坏绝缘。

## 四、电磁流量计、流量转换器技术规格：

本实验系统采用工业用的 LDS－10S 型电磁流量传感器，公称直径 10 mm，流量 0～0.3 $m^3$/h，压力 1.6 Mpmax，4 线制仪表、输出 4～20 mA 标准信号。可与显示，纪录仪表，计算器或调节器配套。

流量转换器采用 LDS－4 型电磁流量转换器，与 LDS－10S 型电磁流量传感器配套使用，

图 4-3　电磁流量传感器

图 4-4　电磁流量转换器

输入信号为 0～0.4 mV，输出信号 4 ～20 $mA_{DC}$，允许负载电阻 0～750 Ω，基本误差为输出信号量程的±0.5%。

## 五、压力变送器、液位变送器

### 一、扩散硅压力变送器工作原理

一块半导体的某一轴向受到外力作用时，电阻率会发生相应的变化，这种能反应应变大小的现象，称为压阻效应。半导体应变片是基于压阻效应制成。

扩散硅压力变送器敏感元件是在单晶硅材料上，采用先进的集成电路扩散或离子注入等工艺形成电阻并连接成惠斯通电桥，用微机械加工技术在电桥下形成压力敏感膜片。

当被测介质（液体）的压力作用于传感器的膜片上时，由于压阻效应，电阻值发生变化，产生一个与作用压力成正比的线性化的输出信号。压力传感器将压力信号转换成电信号，经差分放大和输出放大器放大，最后经 V/A 电压电流转换成与被测介质（液体）的液位压力成线性对应关系的 4～20 mA 标准电流输出信号。

### 二、扩散硅压力变送器的特点

1. 使用被测介质广泛，可测油、水及与不锈钢兼容的糊状物，具有一定的防腐能力。
2. 高准确度、高稳定性、选用进口原装传感器，线性好，温度稳定性高。
3. 体积小、重量轻、安装、调试、使用方便。
4. 不锈钢全封闭外壳，防水好。
5. 压力传感器直接感测被测液位压力，不受介质起泡、沉积的影响。

图 5-1 压力传感器

### 三、扩散硅压力变送器的技术规格

本实验系统采用的扩散硅压力变送器是 2 线制仪表，使用时需要串接 24 V 直流电源。4～20 mA 标准信号输出，精度为 0.5 级。

## 六、热电阻、可控硅

### 一、概述

(一)热电阻

导体的电阻值随温度变化而改变，通过测量其阻值推算出被测物体的温度，利用此原理构成的传感器就是电阻温度传感器。热电阻是中低温区最常用的一种温度检测器，它的主要特点是测量精度高，性能稳定。

纯金属是热电阻的主要制造材料，用于制作热电阻的金属材料应具有以下特性：

1. 电阻温度系数要大而且稳定，电阻值与温度之间应具有良好的线性关系。
2. 电阻率高，热容量小，反应速度快。
3. 材料的复现性和工艺性好，价格低。
4. 在测温范围内化学物理特性稳定。

目前，在工业中应用最广的铂和铜，并已制作成标准测温热电阻。此外，现在已开始采用甸、镍、锰和铑等材料制造热电阻。

在测温精度要求不高，且测温范围比较小的情况下，可采用铜电阻做成热电阻材料代替铂电阻。在－50～150℃的温度范围内，铜电阻与温度呈线性关系，其电阻与温度关系的表达式为：

$$Rt=R_0(1+At)$$

式中，A 为铜电阻的温度系数。A=4.25×10－3～4.28×10－3℃

（二）交流固态继电器（可控硅）

交流固态继电器 SSR（Solid state releys）是一种无触点通断电子开关，为四端有源器件。其中两个端子为输入控制端，另外两端为输出受控端，中间采用光电隔离，作为输入输出之间电气隔离（浮空）。在输入端加上直流或脉冲信号，输出端就能从关断状态转变成导通状态（无信号时呈阻断状态），从而控制较大负载。整个器件无可动部件及触点，可实现相当于常用的机械式电磁继电器一样的功能。

图 6-1　交流固态继电器

SSR 固态继电器以触发形式，可分为零压型（Z）和调相型（P）两种。在输入端施加合适的控制信号 VIN 时，P 型 SSR 立即导通。当 VIN 撤销后，负载电流低于双向可控硅维持电流时（交流换向），SSR 关断。

Z 型 SSR 内部包括过零检测电路，在施加输入信号 VIN 时，只有当负载电源电压达到过零区时，SSR 才能导通，并有可能造成电源半个周期的最大延时。Z 型 SSR 关断条件同 P 型，但由于负载工作电流近似正弦波，高次谐波干扰小，所以应用广泛。

固体继电器的输入功率小，可以和逻辑电路兼容。固体继电器的开关速度快，转换速度多为十几到几十微秒，最快的几微秒，除交流固体继电器需半周过零切换外，最大的约几百微秒。

本实验系统采用杭州西子固体继电器控制加热器的功率。固体继电器的输入信号为 4～20 mA电流。

由于固态继电器是由固体元件组成的无触点开关元件，所以与电磁继电器相比具有工作可靠、寿命长，对外界干扰小，能与逻辑电路兼容、抗干扰能力强、开关速度快和使用方便等一系列优点，因而具有很宽的应用领域，有逐步取代传统电磁继电器之势，并可进一步扩展到传统电磁继电器无法应用的计算机等领域。

## 一、热电阻的应用

热电阻测温系统一般由热电阻、连接导线、变送器和显示仪表等组成。热电阻的安装与使用必须注意以下两点：

1. 热电阻和显示仪表的分度号必须一致。

2. 为了消除连接导线电阻变化的影响，必须采用三线制接法。

本实验系统采用 Cu50 铠装热电阻。铠装热电阻是由感温元件(电阻体)、引线、绝缘材料、不锈钢套管组合而成的坚实体，它的外径一般为 φ2～φ8 mm，如图 6-2 所示。

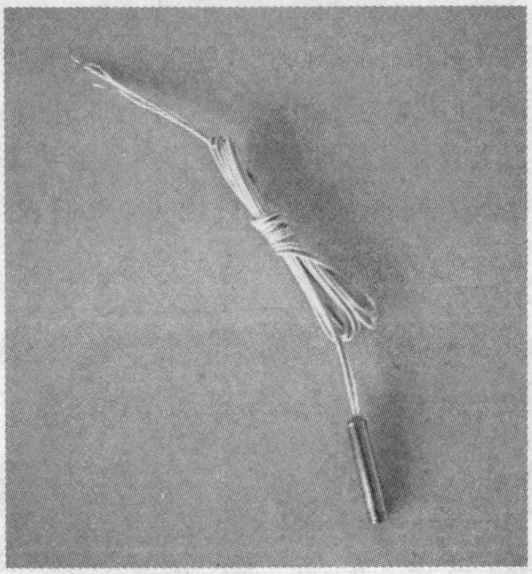

**图 6-2 热电阻 Cu50**

与普通型热电阻相比，铠装热电阻有四个主要优点：

1. 体积小，内部无空气隙，热惯性上，测量滞后小。

2. 机械性能好、耐振，抗冲击。

3. 能弯曲，便于安装。

4. 使用寿命长。

热电阻如果出现故障，比如电阻体断路，修理必然要改变电阻丝的长短而影响电阻值，因此一般会更换新的热电阻。如果采用焊接修理，焊后要校验合格后才能使用。

## 七、牛顿模块

构成计算机控制系统时，需要使用 A/D(模拟量/数字量)、D/A(数字量/模拟量)转换模块。本实验装置的 A/D、D/A 模块采用目前最新的牛顿 7000 系列远程数据采集模块和组态软件组成。

牛顿－7000 系列产品是通用传感器到计算机的便携式接口模块，专为工业现场数据采集与控制而设计。它内置微处理器、存储器、各种 I/O 电路、RS－485 通信接口及实时监控软件。模块外壳为工业级塑料，内涂防静电涂层，增强抗电磁干扰性。模块可以独立提供智能信号调理、模拟量 I/O、数字量 I/O、脉冲、热电偶、热电阻、数据显示、RS－485 通信能力，所有模块通过 RS－485 网络与上位机通信，实现数据上传与控制信号下传。

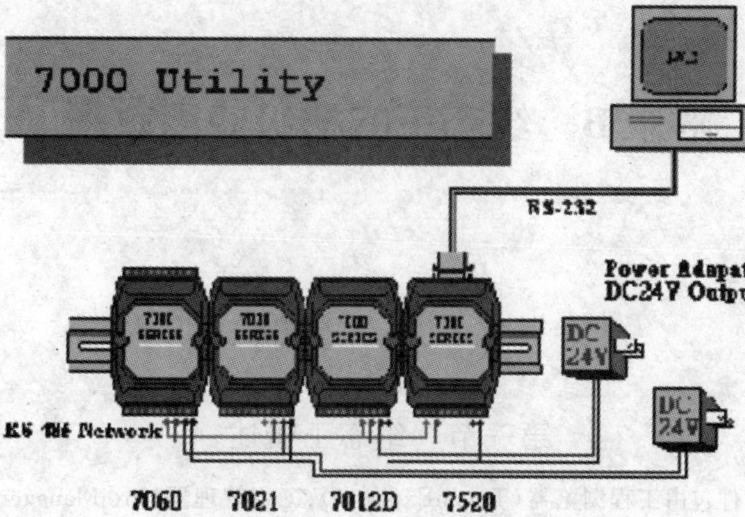


图 7-1 牛顿模块示意图

图 7-2 牛顿模块

牛顿模块技术规格：

1. D/A7024 模块是 4 路模拟量输出模块，输出范围为 4～20 mA 电流或 1～5 V 电压。
2. A/D7017 模块是 8 路模拟电压输入模块，输入范围 1～5 V 电压信号。
3. 7520 模块是 485/232 转换模块，转换速度高（300～115 kHz），232 口可长距离传输。

# 附录B 组态王的初级使用教程

## 第一章 组态王的运行

### 第一节 组态王概述

组态王6软件包由工程浏览器(TouchExplorer)、工程管理器(ProjManager)和画面运行系统(TouchVew)三部分组成。在工程浏览器中可以查看工程的各个组成部分,也可以完成数据库的构造、定义外部设备等工作;工程管理器内嵌画面管理系统,用于新工程的创建和已有工程的管理。画面的开发和运行由工程浏览器调用画面制作系统 TOUCHMAK 和工程运行系统 TOUCHVEW 来完成的。

TOUCHMAK 是应用工程的开发环境。在这个环境中完成画面设计、动画连接等工作。TOUCHMAK 具有先进完善的图形生成功能;数据库提供多种数据类型,能合理地提取控制对象的特性;对变量报警、趋势曲线、过程记录、安全防范等重要功能都有简洁的操作方法。

PROJMANAGER 是应用程序的管理系统。PROJMANAGER 具有很强的管理功能,可用于新工程的创建及删除,并能对已有工程进行搜索、备份及有效恢复,实现数据词典的导入和导出。

TOUCHVEW 是组态王6软件的实时运行环境,在应用工程的开发环境中建立的图形画面只有在 TOUCHVEW 中才能运行。TOUCHVEW 从控制设备中采集数据,并存在于实时数据库中。它还负责把数据的变化已动画的方式形象地表示出来,同时可以完成变量报警、操作记录、趋势曲线等监视功能,并按实际需求记录在历史数据库中。

### 第二节 组态王的运行使用

运行组态王将调用工程管理器,出现如图1-1所示的界面。

在工程管理器中选择当前运行的工程,选择"运行"后,即可进入如图1-2所示的有形象的被控对象的界面。

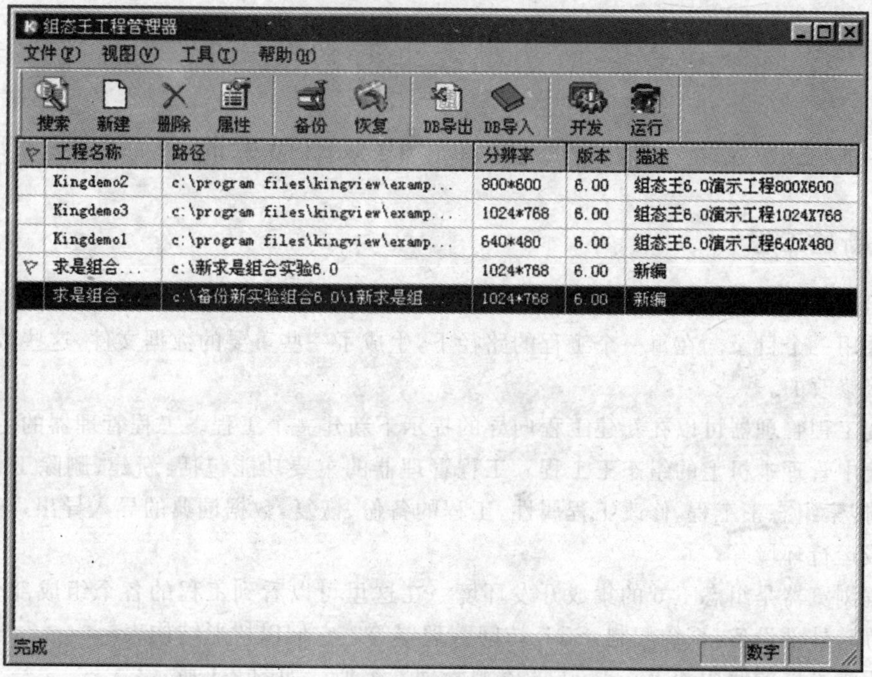


图 1-1 组态王工程管理器

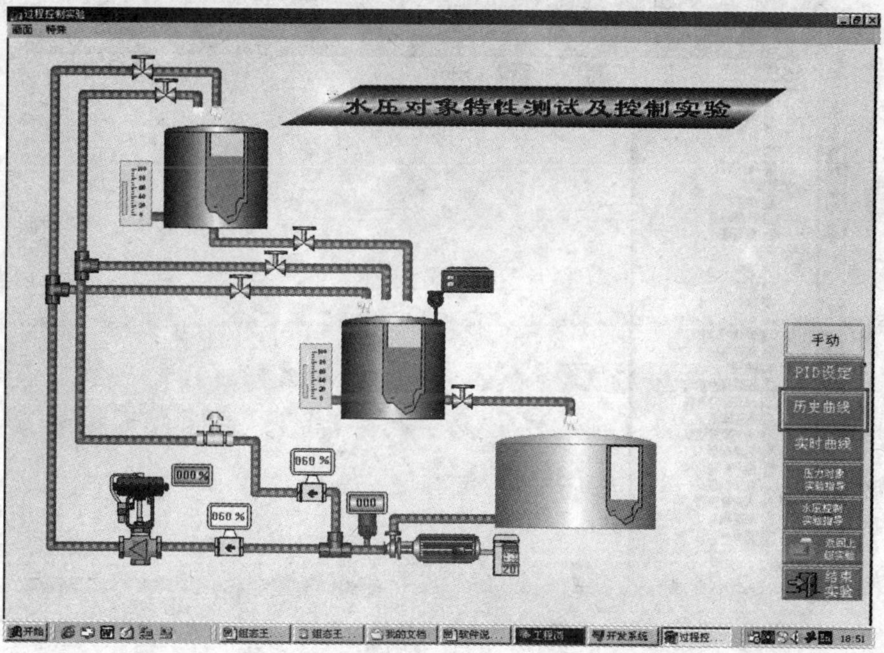


图 1-2 程序运行主界面

一般而言，该用户界面能直观反映系统的结构和运行的状态。可以根据用户界面提供的控件接口，设置控制参数，查看过程曲线。

# 第二章 组态王的初级编程

## 第一节 新建工程及用户界面

### 一、新建工程

在组态王中，每一个应用被称为一个工程。每个工程必须在一个独立的目录下，不同的工程不能共用一个目录。在每一个工程的路径下，生成了一些重要的数据文件，这些数据文件不允许直接修改的。

使用工程管理器可以在新建工程向导的提示下新建一个工程。工程管理器的主要作用是为用户集中管理本机上的组态王工程。工程管理器的主要功能包括：新建、删除工程，对工程重命名，搜索组态王工程，修改工程属性，工程的备份、恢复，数据词典的导入导出，切换到组态王开发或运行环境等。

工程浏览器是组态王 6 的集成开发环境。在这里可以看到工程的各个组成部分，包括画面，数据库，外部设备，系统配制，SQL 访问管理器等。它们以树形结构表示。

工程浏览器的使用和 Windows 的资源管理器类似。如图 2-1 所示：

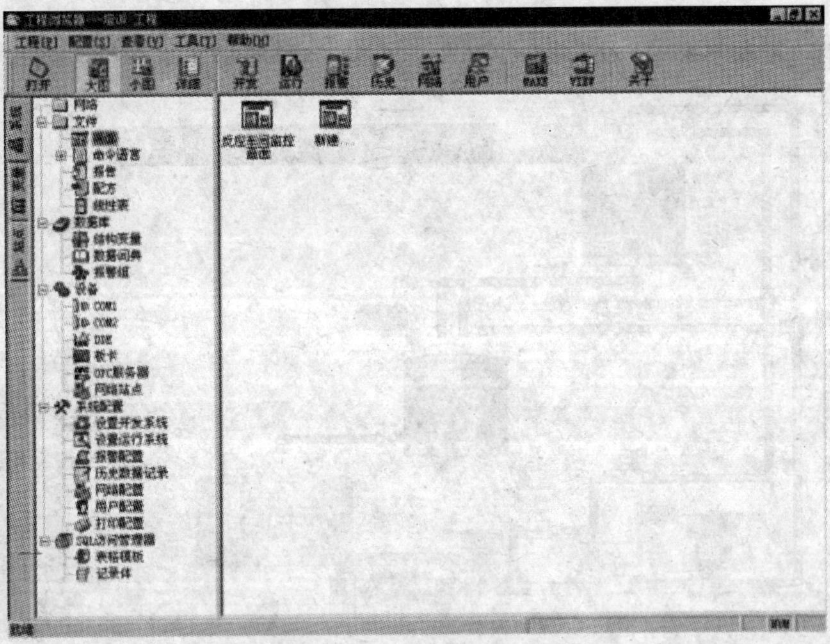


图 2-1 工程浏览器的界面

### 二、建立新画面

在工程浏览器中左侧的树形结构中选择“画面”，在右侧视图中双击“新建”，工程浏览器将弹出“新画面”对话框。

用户可使用图形工具箱在此画面中绘制各种图素。绘制图素的主要工具放置在图形编辑工具箱内。当画面打开时,工具箱自动显示。

如果工具箱没有出现,选择菜单"工具/显示工具箱"或按 F10 键打开它。工具箱中各种基本工具的使用方法和 Windows 中的"画笔"很类似。

组态王还提供使用图库管理器(如图 2-2 所示)。使用图库管理器降低了工程人员设计界面的难度,并且用图库开发的软件将具有统一的外观,方便工程人员学习和掌握。另外,利用图库的开放性,工程人员可以生成自己的图库元素。

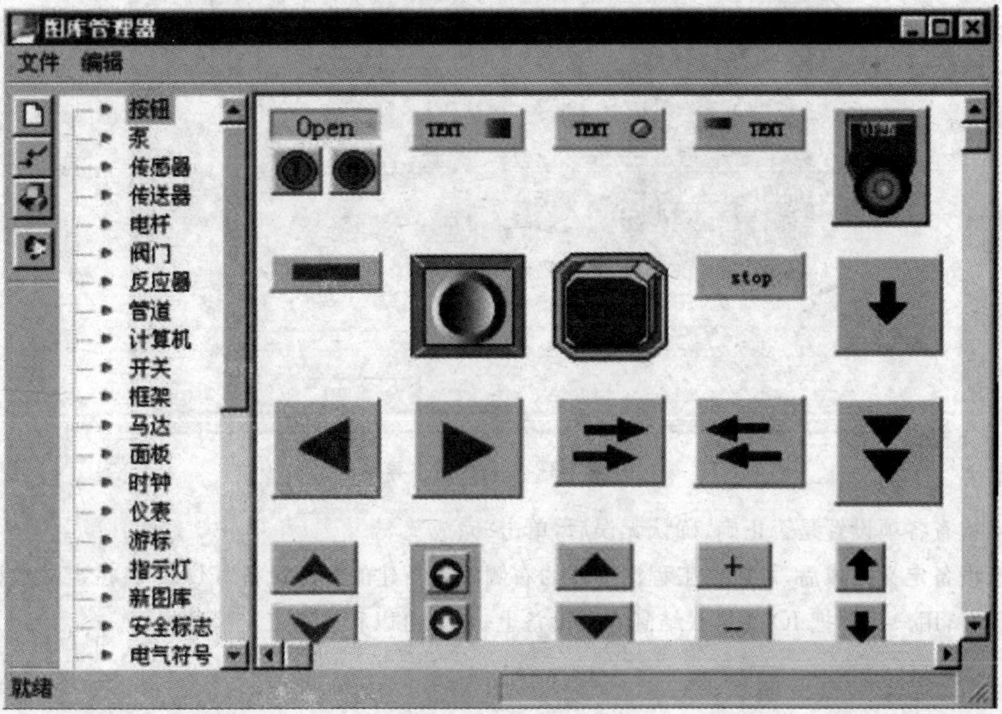


图 2-2　图库管理器

选择菜单"图库/打开图库"或按 F2 键打开图库管理器。

选择菜单"文件/全部存"将所完成的画面进行保存。

## 第三节　数据词典

### 一、定义外部设备

组态王把那些需要与之交换数据的设备或程序都作为外部设备。外部设备包括:下位机(PLC、仪表、模块、板卡、变频器等),它们一般通过串行口和上位机交换数据;其他 Windows 应用程序,它们之间一般通过 DDE 交换数据;外部设备还包括网络上的其他计算机。

只有在定义了外部设备之后,组态王才能通过 I/O 变量和它们交换数据。为方便用户定义外部设备,组态王设计了"设备配置向导"引导用户一步步完成设备的连接。

本教程中使用仿真 PLC 和组态王通信为例说明定义设备的方法。仿真 PLC 可以模拟 PLC 为组态王提供数据。假设仿真 PLC 连接在计算机的 COM1 口。

在组态王工程浏览器的左侧选中“COM1”，在右侧双击“新建”，运行“设备配置向导”。

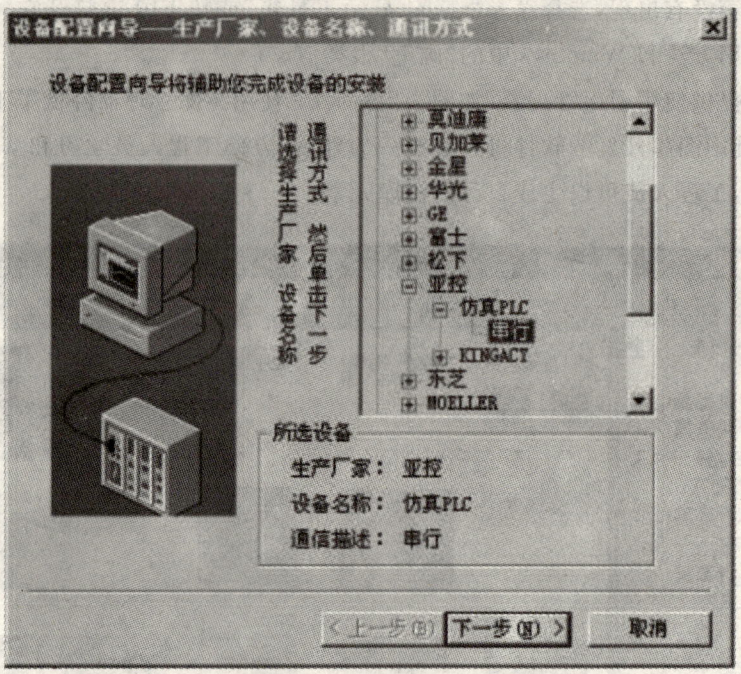


图 2-3 设备配置向导

检查各项设置是否正确，确认无误后，单击“完成”。

设备定义完成后，可以在工程浏览器的右侧看到新建的外部设备“PLC1”。在定义数据库变量时，用户只要把IO变量联结到这台设备上，它就可以和组态王交换数据了。

## 二、定义数据变量

数据库是“组态王”最核心的部分。在TOUCHVEW运行时，工业现场的生产状况要以动画的形式反映在屏幕上，操作者在计算机前发布的指令也要迅速送达生产现场，所有这一切都是以实时数据库为中介环节，所以说数据库是联系上位机和下位机的桥梁。

数据库中变量的集合形象地称为“数据词典”，数据词典记录了所有用户可使用的数据变量的详细信息。（注：在组态王软件中数据库分别有实时数据库和历史数据库）。

数据词典中变量的类型可以分为基本类型和特殊类型两大类。基本类型的变量又分为“内存变量”和“I/O变量”两类。

“I/O变量”指的是需要“组态王”和其他应用程序（包括I/O服务程序）交换数据的变量。这种数据交换是双向的、动态的，就是说：在“组态王”系统运行过程中，每当I/O变量的值改变时，该值就会自动写入远程应用程序；每当远程应用程序中的值改变时，“组态王”系统中的变量值也会自动更新。

所以，那些从下位机采集来的数据、发送给下位机的指令，比如“反应罐液位”、“电源开关”等变量，都需要设置成“I/O变量”。那些不需要和其他应用程序交换、只在“组态王”内需要的变量，比如计算过程的中间变量，就可以设置成“内存变量”。

基本类型的变量也可以按照数据结构分为离散型、模拟型、长整数型和字符串型。

内存离散变量、I/O 离散变量类似一般程序设计语言中的布尔(BOOL)变量，只有 0，1 两种取值，用于表示一些开关量。

内存实型变量、I/O 实型变量类似一般程序设计语言中的浮点型变量，用于表示浮点数据，取值范围 10E－38～10E＋38，有效值 7 位。

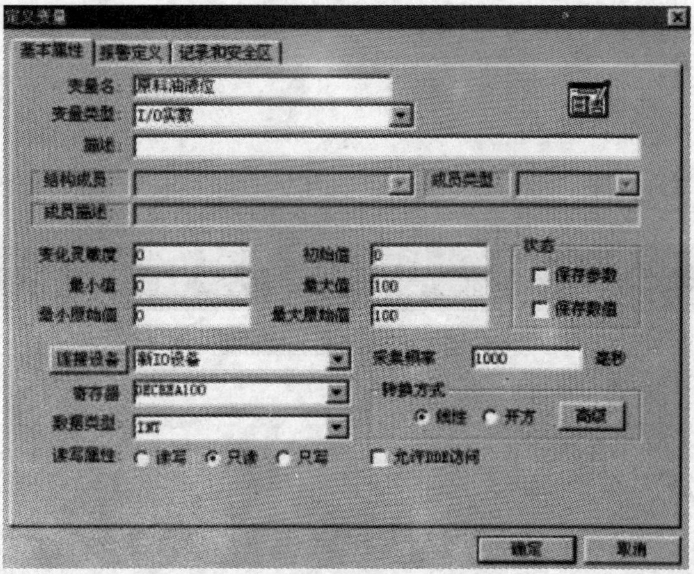


**图 2-4 定义变量的属性窗口**

内存整数变量、I/O 整数变量类似一般程序设计语言中的有符号长整数型变量，用于表示带符号的整型数据，取值范围－2147483648～2147483647。

内存字符串型变量、I/O 字符串型变量类似一般程序设计语言中的字符串变量，可用于记录一些有特定含义的字符串，如名称，密码等，该类型变量可以进行比较运算和赋值运算。

特殊变量类型有报警窗口变量、报警组变量、历史趋势曲线变量、时间变量四种。这几种特殊类型的变量由系统自动生成。

定义变量的可通过更改“变量属性”完成，如图 2-4 所示。

## 第四节 组态王程序设计

组态王采用类似 C 语言的命令语言进行编程，实现调用各种函数、各种算法。工程人员可以利用命令语言来增强应用工程的灵活性。命令语言包括应用程序命令语言、热键命令语言、事件命令语言、变量改变命令语言、自定义函数命令语言、动画连接命令语言、画面属性命令语言。

命令语言的词法语法和 C 语言非常类似，是 C 的一个子集，具有完备的词法语法查错功能和丰富的运算符、数学函数、字符串函数、控件函数、报表函数 SQL 函数和系统函数。各类命令语言通过“命令语言”对话框编辑输入，在“组态王”运行系统中被编译执行。

在工程管理器的树形结构左边可以进入“命令语言”编辑界面，如图 2-5 所示。

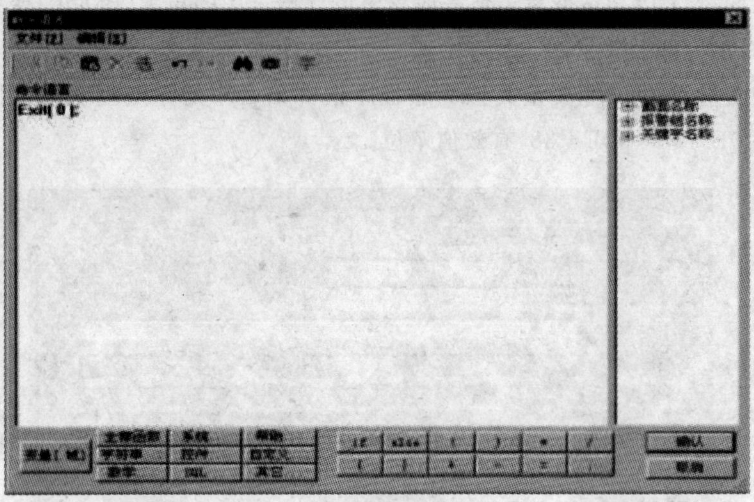

图 2-5　命令语言编辑器

# 附录 C　牛顿模块端口定义(厦门大学)

| 7024 D/A 输出模块 | | |
|---|---|---|
| 1 | IO 0 | 主回路调节阀控制信号 |
| 2 | IO 1 | 可控硅控制信号 |
| 3 | IO 2 | 变频器控制信号 |
| 4 | IO 3 | 副回路调节阀控制信号 |
| 7017 A/D 输入模块 | | |
| 1 | IN 0 | 上水箱液位变送器信号输入端 |
| 2 | IN 1 | 中水箱液位变送器信号输入端 |
| 3 | IN 2 | 主回路流量信号输入端 |
| 4 | IN 3 | 副回路流量信号输入端 |
| 5 | IN 4 | 锅炉内筒温度信号输入端 |
| 6 | IN 5 | 下水箱前液位变送器信号输入端 |
| 7 | IN 6 | 水泵出口压力信号输入端 |
| 8 | IN 7 | 下水箱后液位变送器信号输入端 |
| 9 | IN 8 | |
| 10 | IN 9 | 锅炉外筒温度信号输入端 |
| 11 | IN10 | 盘管最大滞后温度信号输入端(PT3) |
| 12 | IN11 | 盘管温度信号输入端(PT4) |
| 13 | IN12 | 盘管最小滞后温度信号输入端(PT5) |
| 14 | IN13 | 变比值混合温度信号输入端(PT6) |

# 附录D 实验设备接线参考

| 设备 | 线制 | 电源 |
|---|---|---|
| 压力变送器 | 2 | 串接 24 V 直流 |
| 液位变送器 | 2 | 串接 24 V 直流 |
| 流量计 | 4 | —— |
| 温度变送器 | 4 | —— |
| 7024(D/A 输出) | —— | 串接 24 V 直流 |
| 7017(A/D 输入) | —— | 串接 24 V 直流 |

调节器输出 4～20 mA 电流。

**图书在版编目(CIP)数据**

过程控制实验教程/姚铭,刘萍,林少君编著.—厦门:厦门大学出版社,2008.9
(高等院校信息技术实验教程丛书)
ISBN 978-7-5615-3066-5

Ⅰ.过…　Ⅱ.①姚…②刘…③林…　Ⅲ.过程控制-高等学校-教材　Ⅳ.TP273

中国版本图书馆 CIP 数据核字(2008)第 121911 号

厦门大学出版社出版发行
(地址:厦门大学　邮编:361005)
http://www.xmupress.com
xmup @ public.xm.fj.cn
南平市武夷美彩印中心印刷
2008 年 9 月第 1 版　2008 年 9 月第 1 次印刷
开本:787×1092　1/16　印张:10.25
字数:251 千字　印数:1～2000 册
定价:16.00 元